减肥有方

韩兆兴　郝振贤　崔芳囡　编著

中国中医药出版社
·北京·

图书在版编目（CIP）数据

减肥有方 / 韩兆兴，郝振贤，崔芳囡编著 .—北京：中国中医药出版社，2017.3

ISBN 978－7－5132－3999－8

Ⅰ．①减…　Ⅱ．①韩…②郝…③崔…　Ⅲ．①减肥－基本知识　Ⅳ．① TS974.14

中国版本图书馆 CIP 数据核字（2016）第 326263 号

中国中医药出版社出版
北京市朝阳区北三环东路 28 号易亨大厦 16 层
邮政编码　100013
传真　010 64405750
廊坊市晶艺印务有限公司印刷
各地新华书店经销

开本 880×1230　1/32　印张 4　字数 56 千字
2017 年 3 月第 1 版　2017 年 3 月第 1 次印刷
书号　ISBN 978－7－5132－3999－8

定价　29.00 元
网址　www.cptcm.com

社长热线　010 64405720
购书热线　010 64065415　010 64065413
微信服务号　zgzyycbs

书店网址　csln.net/qksd/
官方微博　http：//e.weibo.com/cptcm
淘宝天猫网址　http：//zgzyycbs.tmall.com

Preface

前言

世界卫生组织肥胖问题工作组的专家警告说：人们变得越来越胖这一世界性趋势可能成为人类的一种灾难。就我国来说，原卫生部于 2004 年 10 月 12 日公布的《中国居民营养与健康状况调查》显示：“超重和肥胖患病率呈明显上升趋势。大城市成人超重率与肥胖现患率分别高达 30% 和 12.3%，儿童肥胖率已达 8%。我国成人超重人数约为 2 亿。” 2006 年 6 月有报道说：“目前中国肥胖者超过 9000 万名。”2009 年，有一份调查报告中指出：我国少年儿童的体重增长明显。全世界 1.55 亿超重肥胖儿童中，每 13 个里面就有一个是中国“小胖墩”。这些可怕的数字告诉人们，随着我国国民物质生活水平的迅速提高，以及生产效率的提高，使工时缩短，人们的空闲时间增多，而人们的休闲时间多用于看电视等静止性活动，使得体力活动减少，肥胖作为一种现代文明的副产物正渐渐呈增多趋势。

长时期的明显肥胖对人体健康的危害极大，它是多种疾病的危险因素，可以是病因、诱因或加重因素，因此，预防肥胖有十分重要的临床意义，减肥也就理所当然地成为当今有关健康的热门话题之一。

在减肥的热潮中，社会上顺势而生的一种怪现象则是“十个女人九个闹减肥”，其中不乏形体偏瘦者也嚷着要减肥，恨不得减去身上所有脂肪，简直“瘦”迷心窍。但值得注意的是，脂肪对保持女性的曲线美具有特殊作用。脂肪能使皮肤紧致而不起皱，富有弹性而不松弛，能使人体匀称并具曲线美。

本书介绍了减肥的相关知识、常见的误区，以及有效的减肥方法，既能瘦身又能健体，赶快跟着书里的方法，一起变美丽吧！

编者

2017 年 1 月

Contents

目录

测测你胖吗

肥胖是体内脂肪过多堆积，使体重超过正常的一种状态。正常成年人在一般情况下，每日膳食摄入能量与机体消耗的能量基本保持有进有出的动态平衡，这是维持正常新陈代谢和身体健康的主要标志之一。当进得多出得少时，多余的能量即以脂肪（甘油三酯）的形式储存于体内，长此以往，人就胖了。

到底怎样才算肥胖呢？即如何判断自己是否肥胖及肥胖的程度呢？

简便法

简便法一

正常体重（千克）=［身高（厘米）–100］×0.9

上下浮动 10% 为理想体重范围，过高则为超重或肥胖。

简便法二

标准体重（身高在165厘米以上者）= 身高（厘米）−100

若男性身高在165厘米以下，用身高（厘米）−105，即标准体重（千克）= 身高 −105，在这个体重正负10%之间，可以有一个浮动。

若女性身高在165厘米以下，则用身高（厘米）−102为标准体重。

若你的体重超过标准体重的20%，则为肥胖。

计算法

1. 世界公认的肥胖程度分级法

准确测算肥胖程度常用体重指数为标准。所谓体重指数，是指个体体重（千克）除以身高（米）的平方后得出的数值。其公式为：

体重指数（BMI）= 体重（千克）/［身高（米）］^{2}

体重指数可反映一个人的胖瘦程度和健康水平。

当BMI＜18.5时，被认为是消瘦或营养不良，即为体重过轻。

BMI 在 18.5～23.9 之间，为体重正常。

BMI 在 24～27.9 之间，为超重。

BMI 在 28～32 之间，为一度肥胖。

BMI 在 32～36 之间，为二度肥胖。

BMI 在 36～40 之间，为三度肥胖。

BMI 在 40 以上，为四度肥胖。

可见，BMI 在 28 以上即属于肥胖。

比如，一位女士身高为 1.66 米，体重 50 千克，其 $BMI=50/1.66^2=18.1$，属于偏瘦，但接近正常。

这是一个世界公认的肥胖程度分级法，该方法广泛应用于国外研究机构和医院，甚至用于选美。

该公式可判断人体的健康状况。根据美国有关的医学统计，BMI 小于 16 的人和 BMI 大于 30 的人死亡率最高，死亡率最低的为 BMI 在 20～22 之间的人。

有人认为最好看的体形为：

女士 BMI=19

男士 BMI=22

这里的 19、22 为体重指数，如果体重指数超过

24，就属于超重行列，这是现在的国际统一指标，与我们前文提到的超过正常体重的 20% 基本相等。

据此，可根据身高推算理想的体重：

体形最美女士的体重 =19× 身高 × 身高

体形最美男士的体重 =22× 身高 × 身高

也就是说：

标准体重（女）= 身高（米）× 身高（米）×19（标准的 BMI）

标准体重（男）= 身高（米）× 身高（米）×22（标准的 BMI）

比如，某女士身高 1.66 米，其身材最美时，体重应为：

19×1.66×1.66=52.4 千克。

又如，某男士身高 1.75 米，其标准体重应为：

22×1.75×1.75=67.4 千克。

上述的 52.4 千克和 67.4 千克分别是某女士、某男士的标准体重，对他们来说是最佳的、最不容易患病的健康体重。超过标准体重的 20%，在医学上就可以诊断为肥胖症。肥胖的人应以标准体重为目标进行减肥。

也就是说，体重指数是成年人健康状况的“晴雨表”，每个人都可对自己的体重指数进行定时监测，及时分析，一旦发现指数不正常或变化过大时，应寻找原因，调整生活方式，及早诊治相关疾病，使体重指数保持在19～24之间。为了方便查对比较，将正常人身高与体重资料列表如下，以备参考。

我国正常男性身高（厘米）与体重（千克）

身高（厘米）	年龄（岁）							
	15～19	20～24	25～29	30～34	35～39	40～44	45～49	50～60
153	45.5	48.0	49.1	50.3	51.1	52.0	52.4	52.4
154	45.8	48.5	49.6	50.7	51.5	52.6	52.9	52.9
155	47.3	49.0	50.1	51.2	52.0	53.2	53.4	53.4
156	47.7	49.5	50.7	51.7	52.5	53.6	53.9	53.9
157	48.2	50.0	51.3	52.1	52.8	54.1	54.5	54.5
158	48.8	50.6	51.8	52.6	53.3	54.7	55.0	55.0
159	49.4	51.0	52.3	53.1	53.9	55.4	55.7	55.7
160	50.0	51.5	52.8	53.6	54.5	55.9	56.3	56.3
161	50.5	52.1	53.3	54.3	55.2	56.6	57.0	57.0
162	51.0	52.7	53.9	54.9	55.9	57.3	57.7	57.7
163	51.7	53.3	54.5	55.5	56.6	58.0	58.5	58.5
164	52.3	53.9	55.0	56.3	57.4	58.7	59.2	59.2

续表

身高（厘米）	年龄（岁）							
	15～19	20～24	25～29	30～34	35～39	40～44	45～49	50～60
165	53.0	54.5	55.6	56.9	58.1	59.4	60.0	60.0
166	53.6	55.2	56.3	57.6	58.8	60.2	60.7	60.7
167	54.1	55.9	56.9	58.4	59.5	60.9	61.5	61.5
168	54.6	56.6	57.6	59.1	60.3	61.7	62.3	62.3
169	55.4	57.3	58.4	59.8	61.0	62.6	63.1	63.1
170	56.2	58.1	59.1	60.5	61.8	63.4	63.8	63.8
171	56.8	58.3	59.9	61.3	62.5	64.1	64.6	64.6
172	57.6	59.5	60.6	62.0	63.3	65.0	65.4	65.4
173	58.2	60.2	61.3	62.8	64.1	65.9	66.3	66.3
174	58.9	60.9	62.1	63.6	65.0	66.8	67.3	67.4
175	59.5	61.7	62.9	64.5	65.9	67.7	68.4	68.4
176	60.5	62.5	63.7	65.4	66.8	68.6	69.4	69.5
177	61.4	63.3	64.6	66.5	67.7	69.5	70.4	70.5
178	62.3	64.1	65.5	67.5	68.6	70.4	71.4	71.5
179	63.1	64.9	66.4	68.4	69.1	71.3	72.3	72.6
180	64.0	65.7	67.5	69.5	70.0	72.3	73.5	73.8
181	65.0	66.6	68.5	70.6	72.0	73.4	74.7	75.0
182	66.7	67.5	69.4	71.7	73.0	74.5	75.9	76.2
183	67.5	68.3	70.4	72.7	74.0	75.2	77.1	77.4

注：女子体重平均约为相应年龄、身高的男子体重减 2.5 千克。

2. 世界卫生组织（WHO）提出的体重指数

世界卫生组织提出的体重指数正常值：男子约为22.0，女子约为20.8，允许上下相差10%。专家认为，指数在24～26可视为超重；大于26为轻度肥胖；大于28属明显肥胖。相反，体重指数小于或等于19，则被认为是消瘦或营养不良。一般认为，超过标准体重的10%为超重，超过20%为肥胖，超过30%为中度肥胖，超过50%为重度肥胖。

3. 亚洲人士健康体重指数标准

亚洲人士健康体重指数标准与世界标准有一定差异：小于18.5为体重过轻，18.5～22.9为体重健康；23～24.9为超重，25～29.9为肥胖，大于30为严重肥胖。

胖度的计算

要恰当地估计个人的胖瘦，可用如下胖度公式：

胖度（分）= 体重（千克）×3÷［身高（米）］^{2}

按胖度单位算，体形可分为8种：

过瘦：<39 分

消瘦：40～49 分

苗条：50～59 分

标准：60～69 分

丰满：70～79 分

发胖：80～89 分

肥胖：90～99 分

过胖：>100 分

比如，某男，体重 51 千克，身高 1.6 米，则胖度为：

胖度 $=51\times3\div1.6^2=153\div2.56=59.8$。该男子属于苗条型。

肥胖的发生与生理发育有一定的关系，一般人一生中易于发胖的几个阶段是：襁褓中的婴儿，青春期初，21 岁前后的女性，第一次产褥期和绝经后的妇女，25～40 岁的男性。这几个阶段是体内脂肪积聚的敏感期，应当特别注意。

体重只是肥胖的标准之一，更重要的指标是脂肪的比例。健康妇女脂肪可占体重的 25%，男性可占

17%。女性体内的大比例脂肪是为了保证在食物缺乏的情况下，仍有足够能量用于妊娠和哺乳。

腰臀比测肥胖

世界卫生组织用腰臀比来衡量是否肥胖。测量时放松站立，男性腰围和臀围的比例应小于0.8，女性则应小于0.7。根据美国运动医学学会推荐的标准，女性腰臀比大于0.85时，就有发生心血管病的危险，应注意从饮食和运动上调理。男性腰臀比超过0.9则要警惕。腰臀比 = 腰围 / 臀围，它是判定中心性肥胖的重要指标。

肥胖类型及其易染病

肥胖症是指脂肪不正常地囤积在人体组织，使体重超过理想体重的20%以上的情况。如果一个人的体重在正常范围内，并且脂肪分布不会增加某些疾病的发病危险，同时医生并没有建议其因考虑健康问题而减肥，那他的体重就是健康的。当然，有时组织中水分潴留或肌肉发达等也可使体重增加。

过去对于胖人常有这样的说法："你那么胖，肯定没病。"因而人们对于肥胖最大的疑虑是怕影响体形，不美观，岂不知肥胖对人体的真正含义是影响健康的潜在危险因素。

肥胖类型

在医学上，肥胖有单纯性和继发性的区别。由一些疾病引起的肥胖为继发性肥胖，多见于患一些内分泌疾病时，如“肾上腺瘤”的临床症状之一就是肥胖。其他更多的是单纯性肥胖。

单纯性肥胖分两型：一是皮下脂肪型肥胖。位于皮肤下面的脂肪叫皮下脂肪，由皮下脂肪增多积存而形成的肥胖叫皮下脂肪型肥胖。二是内脏脂肪型肥胖。位于内脏周围的脂肪叫内脏脂肪，由内脏脂肪增多积存形成的肥胖叫内脏脂肪型肥胖。判定是否为内脏脂肪型肥胖，可采用腰围与臀围之比来进行推测。男性比值在 0.95 以上，女性比值在 0.85 以上者属内脏脂肪型肥胖。换句话说，腰部增粗的肥胖是内脏脂肪型肥胖，下半身增粗的肥胖为皮下脂肪型肥胖。

按营养情况分，肥胖有营养过剩性肥胖和营养不良性肥胖。国内外研究表明，保持人的体重在标准范围内最关键的因素之一就是营养平衡，一旦失去这种平衡，人体就可能出现肥胖。

一般人都知道，脂肪是人的生命活动不可缺少的能量基础，但如果摄入量过多，不仅会增加肝脏负担，还会引起肥胖；糖类（也称碳水化合物）是人类所需热能的主要来源，但如果摄入过多，糖就可以转化为脂肪。因此，经常大量吃素食的人，体内多余的糖照样也能转化为脂肪，仍会引起发胖。我们将脂肪、糖类摄入过多引起的肥胖称为营养过剩性肥胖。

更应引起人们注意的另一种情况叫“营养不良性肥胖”。许多专家都认同一个新的观点，肥胖并不是单一的营养积累，而是饮食中缺乏能使脂肪转化为能量的关键营养素。这些关键营养素包括维生素 B_2、维生素 B_5、维生素 B_6、维生素 B_{12} 等，它们在脂肪的分解代谢中起到至关重要的作用。另外，人体内能量的转换离不开钙、铁、镁、锌等元素。当这些元素摄入不足时，就有可能影响体内能量的正常代谢，使脂肪在体内的堆积增加，形成营养不良性肥胖。目前，我国妇女、儿童的矿物质元素摄取普遍不足，其原因多在于为了减肥而不恰当节食，平时偏食造成与脂肪分解有关的营养素缺乏，食品过分精细造成矿物质元素摄取不足等。这些都会导致热量消耗机制受到限制，使体内脂肪堆积而发胖。

由此可见，无论是营养过剩还是营养不良，都可以引起发胖。要想避免肥胖或减肥，关键是纠正错误的营养观念，改变不良的饮食习惯，保证均衡营养才能达到目的。

肥胖的易染病

肥胖对人体健康危害极大。长时期明显肥胖，身体动作不灵活，肺的张力和容积降低，容易出现疲劳等，也使退行性关节炎及痛经加重。肥胖者，体重过大，活动时耗氧量多，较正常人增加30%～40%的耗氧量，活动稍多就会气喘吁吁，因此胖人多不愿意活动，结果体重更会增加。因为呼吸换氧量不足，体内二氧化碳积聚，故胖人多出现倦怠、嗜睡，进而可发生发绀、继发性红细胞增多、肺动脉高压、肺心病、睡眠时呈周期性呼吸等，睡眠呼吸暂停更有导致在睡眠中发生猝死的危险。

另外，肥胖是许多非传染性慢性疾病发病的主要危险因素。由于脂肪组织中血管增多，加重了心脏的负担；脂肪代谢紊乱，出现的总胆固醇增高、甘油三脂增高、游离脂肪酸增加等又促进了动脉粥样硬化的形成，也容易发生胆结石及脂肪肝等，有不少还伴有高血压。这些结果可能导致心肌劳损，甚至发生心力衰竭。由肥胖引起的内分泌紊乱首先是胰岛素的分泌失常，可以出现糖耐量减低，进而出现糖尿病。容易引起糖尿病、高脂血症、高血压、心脏病、肺心病的肥胖，是内脏脂肪型肥胖，而其中糖尿病、高脂血症、高血压连同内脏脂肪型肥胖四种病又都是促进动脉硬化的主要原因，且早期都没有自觉症状，因而容易使人们放松警惕。

美国研究发现，导致软骨骨质快速流失的诱因除软骨受损和膝盖半月板拉伤等一些已知因素外，体重超标也是一个主要因素，而且体重指数每增加 1，软骨骨质快速流失的风险就上升 11%。研究人员建议，减肥应该成为部分骨关节炎患者延缓病程发展的一个重要措施。

总之，综合上述内脏脂肪型肥胖再加上能因影响微循环而得关节炎、痛风、静脉曲张的皮下脂肪型肥胖，会造成更为严重的脂肪积累。人体内脂肪积累，会占据内脏器官的空间，即使是轻度超重都会对背、腿、内脏产生压力，最终导致生理异常。肥胖使身体对胰岛素产生抵抗，易于感染，易患冠状动脉疾病、糖尿病、胆囊病、高血压、肾病、中风、骨关节炎及癌症。肥胖者也更易发生孕期综合征和肝损伤。肥胖对生活方式也有很大的负面影响，很可能会缩短寿命。

肥胖还会造成心理伤害，因为我们的社会将美、智慧，甚至成功同瘦联系在一起。例如，肥胖者情绪不稳定，尤其在儿童少年期，孩子被限制参加活动或运动，久而久之，造成性格孤僻。美国研究人员对 8000 名儿童从幼儿园一直到小学三年级期间的行为进行了调查，发现上幼儿园时体重就开始超重的孩子，特别是女孩，比体重正常的孩子更容易表现出孤独、抑郁和焦虑等迹象。儿童肥胖不仅影响身体的发育与健康，而且降低活动、生活和学习的能力，长大了对社会的适应能力也降低，并且在就业和选择工种方面也会受到一定的影响。一般青少年时期肥胖的孩子将有 60%～80% 的可能发展为成年期肥胖，而且由儿童青少年期肥胖发展为成年期肥胖的患者，其肥胖的程度要比成年期才开始的肥胖更为严重。因此，肥胖的预防应从儿童开始，老师和家长应采取有效的手段，使孩子尽早知道健康的生活方式。

万言归一，从预防角度说，要健康长寿，防止肥胖是极其重要的措施。预防肥胖应刻不容缓地落实到人们的每日行动之中。

容易诱发肥胖的因素

肥胖症即体内脂肪过多，综合年龄、性别、身高的各种因素，使体重超过正常体重的20%。由此可知，体内脂肪比例的大小是肥胖与否的主要标准。

人体有30亿~40亿个脂肪细胞，机体摄取的大多数剩余热量都以脂肪形式贮存，如果我们仍像早期祖先那样“寻食”，在缺乏食物时，脂肪就会提供能量。实际上，一些研究认为，喜食高热量食物的习惯可能是古时用于维持生存的一种策略，即为贮存能量而获取食物。在现代社会，贮存能量对大多数人已没有必要。多数中国人的餐间时间在4~6小时，所以体内过多地贮存脂肪不再作为一种有意义的生存机制，而可能对人体造成潜在的副作用，即得肥胖症及相关易染病。

概括地说，肥胖的主要原因是饮食不合理和缺乏锻炼，其他原因有内分泌紊乱、糖尿病、贫血、精神紧张、烦躁。另外，肥胖同食物过敏也有关。值得一提的是，营养不良也是肥胖的一个重要因素，当某种必需营养成分摄取不足，体内缺乏某种营养素，会造成脂肪不能完全利用，即脂肪不能转化为能量而在体内积累。具体说来，导致肥胖症的因素大致有如下几点：

饮食因素

饮食因素主要是饮食中的脂肪和糖类（淀粉等）摄入过多，具体情况是：

1. 饮食量太大，热量的摄取大于消耗

这个问题很简单，人们一方面摄取热量，一方面又在消耗热量。如果热量摄取大于消耗，体重就会增加，反之体重就会减轻。因为身体中的能量，即热量来源于食物，当摄取热量太多，也就是说食量太大，吃得多，而又不能把它及时消耗掉时，多余的热量就会变成脂肪积存于体内。久而久之就会发胖，就有患肥胖症的可能。可见，“多吃”是对肥胖发生的起主导作用的因素。

2. 饮食结构不均衡

“多吃”包括三方面的含义：一是主、副食或副食确实吃得多；二是主、副食吃得不多，而甜食、油食、零食吃得多；三是与他人比吃得并不多，但就本人的劳动强度、生理状况来说，还是吃得多。

我们日常所吃的食物五花八门，但据其成分来讲有七大营养素，即碳水化合物（俗称糖类）、蛋白质、脂肪、维生素、微量元素（矿物质）、膳食纤维和水，其中前三者可产生能量，即热量主要来源于三大类营养素：碳水化合物、蛋白质和脂肪。在某种程度上，这三者可互相转化，若以相同的重量来计算热量，则糖类和蛋白质所含的热量相同，而脂肪的能量密度远高于其他营养素，约为碳水化合物的2.5倍，所以食脂肪含量高的食物，摄取的热量最多，也最容易肥胖。因此，膳食中脂肪供给的能量应控制在占膳食总能量的30%以下（脂肪不得高于30%），蛋白质供给的能量在15%左右，碳水化合物供给的能量不得低于55%，并应该相应地增加含膳食纤维丰富的食物，以增加食物体积。

根据专家推荐，我们一日三餐的能量分配为：早餐占30%，午餐占40%，晚餐占30%。而目前我国城市人口日益增多，且工作繁忙，生活节奏加快，早餐、午餐多在外凑合，而比较注重晚餐，造成晚餐能量摄入量高，而我国大多数家庭的晚间娱乐活动多是坐在沙发上看电视，能量消耗少。久而久之，能量在体内积聚，自然就肥胖了。研究证明，许多人的肥胖与晚餐进餐时间较晚有关。

3. 低卡饮食

低卡饮食也能使人发胖，美国一项最新研究结果显示，这是体内的压力激素——皮质醇作怪。研究发现，受试女性面对热量限制时，体内皮质醇水平会升高，因为这些女性每天计算着卡路里过日子，往往精神紧张，因此身体会释放更多的皮质醇，这种激素会令体重难以减轻。

4. 营养缺乏

许多人认为，肥胖是营养过剩造成的，其实，有些人发胖并不全是营养过剩所致，而是因为饮食中缺乏能使脂肪转化为能量的某些营养素。这种因缺乏营养素出现的肥胖，叫作营养缺乏性肥胖。

国外的营养学专家公布的研究结果表明，只有当人体能量得到释放时，脂肪才能消耗、减少。而脂肪转化为热能，必须有维生素 B_1、维生素 B_2、维生素 B_5、维生素 B_6 及维生素 B_{12} 的参与，否则，人体内的脂肪就无法转化为热能而得以消耗，从而积蓄在体内造成肥胖。

研究发现，许多减肥效果不佳的胖人，在加强运动的同时吃一些猪肝、蘑菇、鸡蛋、豆制品、紫菜、核桃、绿叶蔬菜、芝麻、花生、奶类等，很快就可取得减肥的效果。

其他因素

1. 缺乏运动，热量消耗太少，造成脂肪堆积

热量可以转化成能量，而能量是活动的燃料。假如燃料不按照自然预期被使用完，就会转化成脂肪，堆积起来，增加额外的体重。所以，不爱运动的人，

每天不能消耗摄取的热量，也会肥胖。换句话说，我们身体内能量消耗的主要方式是体力活动，体力活动如果不够，即“少动”，会导致能量消耗减少，多余的热量就会转化为脂肪储存在体内，从而导致肥胖。

提到体力活动，人们首先想到的是跑步、打球、游泳等剧烈体育活动，其实不尽然，长时间低强度体力活动，如散步、骑自行车，与高强度体育锻炼一样有效。有资料介绍，现在世界上有些地区的人就比较注重合理化生活，每日根据自己工作生活的活动量，对应摄入多少热量的食物都有一个大概计算，如果晚饭后发现当天摄入的热量超过了允许的范围，那么就要特意增加运动量把多余的热量消耗掉。

美国研究发现，长时间坐在办公桌前的“办公室一族”很容易发胖。在办公室里待的时间越长，人们就越容易吃不健康的食物，运动的时间也会越少。长时间坐着不运动还容易脖子僵硬、腰腿疲劳、视力受损等。为了自己的身体健康，在上班时应尽可能地多走动，放松一下全身。

2. 有一定的“遗传因素”

俗话说：“胖人喝凉水也长肉。”当然，喝凉水是不可能长胖的，因为水不会产生能量。但为什么有的人吃得并不多，活动一般，却肥胖；而有的人吃得很多，活动一般或很少，却反而精瘦呢？有调查表明，如果父母都是肥胖者，其子女发生肥胖的概率达70%～80%；父或母一方为肥胖者，其子女有40%～50%的可能会发生肥胖；父母都不是肥胖者，子女发胖的可能性只有9%。这说明遗传对肥胖症患者有一定的作用，也就是说，肥胖症也是有一定家族性的。

3. 一些不良的生活习惯也可诱发肥胖

一是口味重。口味重的人一般食欲好，吃得香，这跟中枢神经有关系，就会总想吃，所以就超重。

二是过量饮酒。酒虽然不是高热量食物，但是也含有一定的热量。因为酒是粮食做的，而粮食里面含有糖类。酒里面含有乙醇，乙醇在身体里代谢分解以后也会产生热量，这些热量被人体吸收以后，多余的热量就会变成脂肪。因此，我们说啤酒是液体面包。

所以酒不要多喝，要酌量。

三是吃饭太快，造成“吃得快，肥得快”。为什么用餐速度会影响胖瘦呢？原来，在人的大脑中枢中有控制食量的饱食中枢和饥饿中枢，有了这些调控信号，我们就能知道到底吃饱了没有。但是，如果进食过快，狼吞虎咽，吃东西的速度快过饱食信号传递的速度，明明所摄取的食物分量已经足够了，可是大脑却还没接到饱食信号，所以在“不知饱”的情况下，会不知不觉地继续吃喝，长年累月过度摄食，热量摄入过多，自然就会肥胖起来了。

4. 疾病可导致肥胖

还有些肥胖症是由于某些疾病所引起，如内分泌紊乱、糖尿病、贫血、精神紧张、烦躁等，均可能导致肥胖，肾上腺瘤的临床症状之一就是肥胖。

另外，还有药物性肥胖。过去的人们认为鸡肉、猪肉很香，“一家吃煮肉，半庄闻香味”，现在却不那么香了。这是因为人为加入的激素在鸡、猪身上发挥了作用，使之 1 个月、4 个月就出栏，人们吃了这样的鸡肉、猪肉以后，激素在人体内也发挥作用，使人亦肥胖。

所以，当一个人已经是一个肥胖症患者时，首先要请医生根据综合情况判断是否有原发病存在，以便及早治疗。如果属单纯性肥胖，则可以选择合理的减肥方案，以预防肥胖引发某些疾病。正是基于此愿望，我们将在后面重点介绍防治肥胖症的原则和一些有效方法。

5. 睡得少也容易导致女性腹部和腰部肥胖

瑞典一项研究发现，睡眠时间短、少梦及缺少深度睡眠都会影响女性体内皮质醇和生长激素的分泌，进而导致体重增加和腰腹部肥胖。

6. 贫穷是导致肥胖的一个风险因素

美国加州大学戴维斯分校的一项新研究发现，与那些收入更高的雇员相比，工资最低的雇员变肥胖的可能性更大，这说明贫穷是导致肥胖的一个风险因素。其一是因为更穷的人一般生活在环境更差的地区，他们没有公园和公共健身器材用来锻炼身体。其二是健康的低卡路里食品一般价格更贵，穷人很少选购。

“病态肥胖”的十大信号

前面已经提到，有一些肥胖并非源于贪吃，而是由于身体的某些原发性疾病所导致的“病态肥胖”。这里把临床常见的十种“病态肥胖”伴发症状简介如下，以引起读者们的注意并及时诊治。

信号一：黑棘皮病

主要表现为皮肤色素沉着，角质增多，严重时有天鹅绒状的突起，令人总有一种洗不干净的感觉，以颈后和腋下最为常见。

信号二：紫纹

主要表现为腹部两侧、大腿内侧有呈梭形、淡紫红色的条纹，患者还会出现满月脸、水牛背、将军肚。

信号三：男性乳房发育

儿童在青春发育期出现的生理性男性乳房发育，多可自行恢复。

信号四：月经紊乱

育龄期女性出现闭经、绝经和月经失调等症状，一定要加以重视。

信号五：睡眠呼吸暂停综合征

肥胖过度可造成肺的功能性和器质性损害，脂肪过度堆积引起肺扩张受限，长此以往则会导致白天嗜睡、夜间睡眠不良的“肥胖通气不良综合征”。

信号六：脂肪肝

约 60% 的肥胖患者可出现肝细胞脂肪变。

信号七：腰围增粗

有些体重正常的患者仅仅表现为腰围增粗，也会出现肥胖易染病，如糖尿病、高血脂症和冠心病等。

信号八：食欲异常

感觉天天吃不饱，越吃越饿，也应引起重视。

信号九：皮肤发黄，眼睛水肿

多发生在分娩后女性或绝经期前后的女性肥胖患者中，表现为体重越来越重，全身无力。

信号十：多毛

可能为先天性、遗传性疾病或性腺异常所致，应引起重视。

哪一类肥胖者需要减肥

是不是所有的肥胖者都需要减肥？美国乔治·华盛顿大学的营养学家加拉维的研究表明，如果一个人的肥肉在髋关节（即大腿关节一带）或腰以下，一般与肥胖病没有多大关系，最多臀部大一些，大腿粗一些，体形显得难看一些罢了。但是，如果肥肉堆积在腹部、肩部和胸部等部位，就应注意与肥胖有关的疾病的侵袭，如心血管疾病、高血压、高脂血症和子宫内膜癌等。

由于脂肪分布在人体不同部位的后果不一样，因此，现阶段通常使用的“身高－体重关系标准”并不理想，而且容易引起误会。因为这种关系只讲身高是多少的人应有多重，却没有涉及身上的脂肪分布的部位。大量研究表明，胖人中最易得冠心病的是那些臀部瘦瘦的却垂着大肚子的人。这种人一定要经常注意节食减肥。通俗地说，肥胖而危险性较高者是身体中间那一段像“苹果”的人，这种人裤腰带以上有一大堆松松垮垮的肥肉，即腹型肥胖（亦称凸肚型）；而肥胖但危险性较低者是身体中间那一段像“鸭梨”的人，这种人的肥胖主要在腰腹以下的部位。因此，所谓的“苹果”体形者一定要减肥，而“鸭梨”体形者则不必太过烦恼。但有报道称，“梨形”身材会增加女性发生记忆丧失问题的几率。研究人员表示，臀部脂肪可能会造成大脑中某种血栓的形成，导致老年痴呆症或者大脑血流受阻。

当然，减肥的方法也很有讲究，否则可能适得其反，因为节制饮食本身会打乱正常的新陈代谢。减肥过程不但要循序渐进，而且要注意营养平衡并有足够的热能供应。此外，应充分发挥体育锻炼在减肥中的作用。

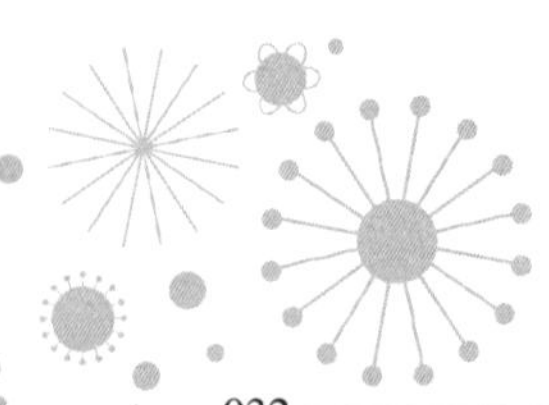

减肥的误区

肥胖会导致许多疾病的发生，然而在不少人看来，令人烦恼的还不止是体重，让人眼花缭乱难以抉择的减肥方法才是真正的烦恼！人们在减肥时往往存在这样那样的误区。

误区之一：局部瘦身产品，哪肥减哪

严格来讲，局部瘦身产品肯定是一个谎言，应该说全身性减肥是局部减肥的基础。比如说想减腰或者腿，那你首先要做全身性的减肥。

误区之二：7 天减 14 斤以上

减肥第一是为了健康，第二才是为了美。一个正确、健康、科学的减肥速度，应该是每周减肥的重量不要超过 1 千克。正确的观点是：减肥速度是有安全标准的，这个标准是每周减 1 千克的脂肪，而不是水。

误区之三：无需运动节食，药物轻松减肥

以前用的减肥药是中枢性的，可以抵制食欲，但是这个药用了以后会对心脏有损害，造成心脏瓣膜病的发生。是药三分毒，虽抵制精神，但伤害心脏，所以药物减肥并无益处。

误区之四：燃烧脂肪，快速减肥

现在有很多产品宣传都打着这些名词，声称用了这些产品会加速脂肪燃烧而发热。但是，这种热绝对不是燃烧脂肪产生的，为什么这么说呢？因为如果对这个产品过敏会发热，或者是搓搓手促使毛细血管扩张也会发热，还有炎症反应也会发热，而脂肪在体内消耗是一个很复杂的过程。正确的观点是：真正的脂肪燃烧是复杂的物质代谢过程。

误区之五：运动量越大，出汗越多，减肥越快

首先要强调的一点是，适量的运动是减肥最基本的措施，而且也是最有效的防止反弹的方法。但是，运动的时候一定要避免过量的问题，只有适合自己的中小强度的运动，且运动起来感觉到不太累，出汗水不太多，才是消耗脂肪最好的运动。过量的运动或机械减肥容易造成心脏缺氧或肌肉损伤，反而不利于减肥。为说明这个问题，在这里着重说一说不利于减肥的三种运动。

一是大运动量运动。做大运动量运动时，不但人体所需的氧气和营养物质相应增加，而且心脏的收缩力和收缩频率也明显加快，此时，心脏输出的血流量不能满足机体对氧的需求而使机体处于无氧代谢的状态中，而无氧代谢运动既不能使脂肪作为主要能量来释放，又会产生一些不完全氧化的酸性物质，还使人体的运动耐力有所降低。大强度的运动会使人体血糖水平降低，产生饥饿感，使食欲大增，这对减肥是极为不利的。

二是短时间运动。在进行有氧运动时，首先动用的是人体内储存的糖元素能量，在运动 30 分钟后，脂肪开始释放并转化成能量，大约运动 1 小时后，运动所需的能量才以脂肪供应为主。因此，短时间的运动不利于健身减肥。

三是快速暴发力运动。人体肌肉是由许多肌纤维组成，主要分为两大类：白肌纤维和红肌纤维。进行快速暴发力的运动时，得到锻炼的主要是白肌纤维，而白肌纤维横断面较粗，因此易使肌群发达粗壮，用此方法减肥会使肌群越练越粗。

误区之六：高科技减肥，立竿见影

在减肥市场，商家都会借助一些高科技名词来吸引眼球。其实，瘦素减肥和基因减肥的问题目前都处在一个很基础的研究阶段，要真正用到人群，还有很长的路要走。所以要正确认识高科技，减肥没有奇迹。

误区之七：暴力式减肥

所谓暴力减肥，其实就是哪里胖就打哪里，直到打到发青发紫为止。有人还会拿一块肥的猪肉做示范，在下面垫七八张报纸，使劲往下压，八层报纸都染上油了，脂肪就出来了，以此来说明暴力减肥的作用。可是一个活生生的人也这么挤压的话，后果将是严重的。正确的观点是：减肥不是身心摧残。

误区之八：清肠减肥

无论用灌肠也好，用泻药也好，在清肠的过程中都会有大量的肠液流出。我们知道，肠液里有好多酶，对整个机体的物质代谢都是有好处的，同时，肠道里的许多菌群对人体也是有利的。清肠会破坏肠胃里正常的生理环境，使一些营养成分丢失，同时也会扰乱肠道菌群，不利于健康。

误区之九：吸脂减肥

让超声波在肚子上滚动、摇晃，把脂肪绞碎，容易得破皮症、黑皮症。还有点穴降脂、针灸按摩减肥等，若不针对肥胖症的根源，也无济于事。

误区之十：自己做主，想怎么减就怎么减

首先要强调，肥胖本身就是一种慢性病，是一个世界的公共卫生问题。既然肥胖是病的话，就要到医院去，只有对因治疗，才能真正做到既健康又减肥。对于病理性肥胖的人，切不可盲目减肥，首先要做的是到医院请教医生，查明自己肥胖的原因。如果是疾病引起的肥胖，那么治疗原发病是第一位的，治好了原发病，肥胖问题自然就解决了。相反，如果盲目减肥，很可能加重病情，这一点必须引起充分重视。

误区之十一："减肥"就是"减体重"

很多人往往将"减肥"与"减体重"等同起来，这种认识是不科学的。专家们指出，大多数肥胖属于单纯性肥胖，是由于摄入过多的高热能食物而不运动，消耗又少，导致多余脂肪积聚引起的。而且要认识到，体重与胖瘦并非完全成正比。如举重运动员肌肉发达，身体超重，但并不算肥胖；而一些人体形瘦小，倒可能体内脂肪含量高，产生隐性肥胖。单纯将体重作为减肥标准，通过减少或大量消耗体内水分与蛋白质，可以达到减轻体重的效果，但之后体重会反弹，造成"假减肥"。因此，减肥是否科学应通过降脂程度来考察，要把减肥的关注点放到减脂上来。正确的减肥方法应该是通过调节机体代谢平衡，提高机体活力，减少脂肪堆积。换句话说，就是将脂肪化作精力，将"肥肉"变成"瘦肉"。

误区之十二：不吃早餐等节食减肥

有许多减肥者采用不吃早餐，只吃水果和黄瓜代替正餐等方式节食，这都是非常不科学的，会严重伤害身体。因为节食减肥只是一种短期行为，节食过后，一旦恢复正常饮食，原有的体重就会恢复，而且还会引起营养不良和消化功能紊乱，甚至导致神经性厌食症而危及生命。

关注儿童营养健康，防治肥胖

营养失衡，成长之忧

随着我国经济的发展，人们生活水平不断提高，饮食及营养成为人们日益关注的问题，儿童营养更备受重视。2004 年 10 月，我国公布了 2002 年开展的“全国居民营养与健康状况调查”（以下简称“调查”）结果，其中儿童青少年生长发育水平较 10 年前有了明显的提高，但由于营养知识缺乏、认识偏差及不良饮食习惯等原因，我国仍存在较为严重的儿童营养失衡问题。

1. 营养不良及营养素缺乏

调查结果显示，我国儿童青少年的生长发育水平较 10 年前有了明显的提高，但儿童尤其是农村地区的儿童仍存在着较高的营养不良患病率。部分儿童存在蛋白质、热能混合缺乏型营养不良，5 岁以下儿童生长迟缓率和低体重率分别为14.3%和7.8%，贫困农村地区甚至高达29.3%和14.4%。调查显示，营养素缺乏问题在我国城乡儿童中均普遍存在，婴幼儿缺锌比例高达39%，1~3岁儿童的钙、锌、铁缺乏情况较为严重，中小学生钙的日均摄入量仅达到推荐摄入量的40%~50%，3~12岁儿童维生素A缺乏率为9.3%。

（1）原因——不良饮食习惯

不良的饮食习惯是我国儿童营养不良和营养素缺乏的主要原因之一。儿童需要全面均衡的营养，而自然界所有的单一食物除了母乳外，都不能满足儿童全部的营养需要，如蔬菜是维生素、矿物质、膳食纤维的重要来源，牛奶是蛋白质和钙的优质来源。生活中不吃或少吃这些食物，就有可能造成某些营养素缺乏。当前有许多家长忽视控制儿童的饮食倾向，孩子爱吃什么就给什么，纵容儿童偏食、挑食、吃过多零食等不良习惯，使儿童膳食结构失衡，最终导致营养素缺乏。

（2）后果——影响生长发育

儿童期是体格和智力生长发育的关键时期，营养素缺乏会对儿童的生长发育造成不良影响：蛋白质的摄入不足可导致儿童生长发育迟缓，免疫功能降低，易患感染；钙和维生素D摄入不足会影响儿童骨骼、牙齿的发育，甚至导致佝偻病；铁摄入量不足或利用不良，除了会出现贫血外，还会影响儿童智力发育，有研究显示，缺铁性贫血儿童的智商较正常儿童平均要低9个评分点；锌缺乏可引起儿童食欲减退，免疫功能降低，伤口愈合不良；维生素A缺乏会引起儿童体格发育迟缓，适应能力下降。

2. 儿童肥胖

一般认为，当儿童体重超过同性别、同身高正常儿童平均值的20%以上者即为肥胖。3~6岁儿童因为食欲好，喜欢吃甜食，容易出现肥胖。调查结果显示，我国儿童的肥胖发生率已达8.1%，而且还在日益增多。与15年前相比，城市男孩的肥胖率增长了3倍多，而女孩的肥胖率增加了近10倍。

（1）原因——饮食认知存在误区

家长在儿童饮食营养的认识上存在误区是儿童肥胖的一个重要原因：

①吃好就是营养好。许多家长以为花钱多的食品营养就充足，便一味地给小孩吃一些高热能、高脂肪的食品以“加强营养”，使儿童营养摄入失衡，体内脂肪堆积过多而引起肥胖。

②经常吃洋快餐。有些家长喜欢以洋快餐作为对儿童的奖励，而洋快餐通常是高热量、高脂肪、低膳食纤维和低维生素的食品，违反了膳食指导的原则。经常食用洋快餐，增加了儿童的能量摄入，减少了膳食纤维的摄入，容易引起肥胖。

③以各种软饮料代替饮水。大部分软饮料（不含酒精的饮料，如汽水、橘子水等）添加有蔗糖或其他糖类，儿童经常饮用，会摄入过多的糖分，引起肥胖。

（2）后果——影响生理功能

肥胖对儿童健康的危害很大，可影响儿童的生理功能，如肺功能减弱，心脏负荷加重，血压增高，内分泌紊乱，糖耐量下降等。此外，肥胖的儿童在成年后患心血管疾病、高血压、糖尿病和癌症等的危险也要远远高于体重正常的儿童。

总之，我国儿童当前的营养健康问题说明尽管我国人民物质生活水平有了极大的提高，但家长们对“什么是合理营养”还缺乏正确的认识，忽视合理的饮食结构，缺少科学的饮食习惯、教育方式，过分地迁就儿童的口味与喜好，因而造成儿童营养失衡。因此，家长们要多学习营养知识，注重从小培养儿童良好的饮食习惯，吃什么、吃多少、怎么吃，都给予科学的指导，以保证儿童营养均衡，茁壮成长。

均衡营养，健康成长

前面谈到并分析了我国儿童存在的营养失衡问题，下面将从均衡营养、合理膳食、养成良好生活习惯等方面探讨如何改善儿童的营养健康状况，促进儿童的健康成长。

1. 营养不良和营养素缺乏的防治

所谓“营养”，就是机体从外界吸取需要的物质来维持生长发育等生命活动的作用。营养不良则是这个作用发挥得不好。“营养素”即食物中具有营养的物质，包括蛋白质、脂肪、糖类、维生素、矿物质、膳食纤维和水等。保证儿童饮食的质和量，实现均衡营养是防治儿童营养不良和营养缺乏的有效措施。

（1）日常膳食多样化

食物是各种营养素的主要来源。在日常膳食中，多搭配进食不同种类的食物，有助于各类营养素的均衡补充，增进孩子的健康。如谷类（即谷类作物，是稻、麦、谷子、高粱、玉米等作物的统称）可提供碳水化合物与维生素，蔬菜、水果是矿物质、维生素与膳食纤维的良好来源，鱼、肉、禽、蛋可提供儿童所需的蛋白质、脂肪、磷脂（含有磷和氮的油脂，存在于动植物的细胞中，有营养价值，是很好的乳化剂）等。此外，家长可通过变换烹调方法，提高食物的色、香、味，增进孩子的食欲，减低孩子对膳食的挑食程度。

（2）合理安排餐次

家长要注意合理安排孩子的饮食时间和餐次，坚持每天定时进餐。三餐的安排应按照“早餐吃好，午餐吃饱，晚餐吃少”的原则进行。尤其要注意早餐的质量，除主食外，可适当增加乳类、蛋类或豆制品、青菜、肉类等富含蛋白质及维生素的食品，以保证儿童上午充足的营养与充沛的精力。三餐之余，要安排课间餐，如准备些牛奶或豆奶及适量点心供孩子上午课间食用，满足儿童对钙和其他营养素的需求。

（3）培养良好饮食习惯

饮食要定时定量；进食要细嚼慢咽，注意力集中，不要边吃边看电视、玩游戏；不挑食，不偏食，不厌食，少吃零食。家长的言传身教对孩子养成良好的饮食习惯非常关键。另外，家庭教育要以引导为主，尽量不要强迫，避免孩子形成逆反心理。

2. 儿童肥胖的防治

科学地控制饮食和合理的体育锻炼是防治肥胖的有效方法。

（1）控制饮食但避免盲目节食

儿童正处于长身体的时期，千万不能盲目地控制饮食，可采用限制热量，摄取略低于正常食量的食物的疗法。饮食安排要尽量减少高糖、高油脂、动物性油的食物，如油炸食物、奶油蛋糕和含糖饮料等；口味尽量清淡。但应保证每天摄入充足的优质蛋白质、矿物质、维生素等营养素，如每日每千克体重摄取优质蛋白质（豆制品、动物蛋白等）1.5～2.0 克，7～14 岁儿童保证每天摄入热量 900～1200 卡路里。

（2）少食用零食和洋快餐

家长应控制孩子的零食品种与数量，即便食用，也应选择那些有营养的零食，如花生、栗子、榛子、橡子、核桃等坚果。

至于洋快餐，应尽量减少，即使吃，也要均衡营养：选择有益健康的品种，如牛奶、鲜果汁；选择有蔬菜的品种，如由熟土豆丁、香肠丁等加调味汁拌和而成的凉拌菜，即西餐中的蔬菜沙拉；油炸的食物如薯条、苹果派等含热量高，不宜多吃；一天中吃过洋快餐，其他餐次就应尽量少吃肉，而要多吃些蔬菜、水果。

（3）坚持适量的运动

运动是消耗脂肪、防止脂肪积累的有效途径，但一定要长期坚持，并保证有足够的时间和强度。可采用长跑、跳绳、踢球等全身性有氧运动，时间和强度根据孩子体质循序渐进地增加，以孩子第二天不感到劳累为宜，每周锻炼3～5次。若只靠单纯性的节食来减轻体重，一旦停止节食，可产生复发甚至反弹现象。

总之，家长应树立健康科学的营养观念，提高自身的营养知识水平，为孩子树立良好的榜样；同时采用正确的方法，帮助孩子养成良好的饮食习惯，引导孩子对运动产生兴趣，多参加户外活动，这样孩子才能够健康成长。

女性应关注的肥胖问题

女性肥胖要警惕四种妇科病

肥胖已被公认是引起许多疾病的重要因素之一。中国女性的肥胖多突出表现在腹中部肥胖（苹果型）。研究表明，女性发生肥胖不仅影响形体，而且还更容易与几种常见妇科病“结缘”。

其一是乳腺癌。乳腺癌的发生、发展与雌激素有关，肥胖妇女除卵巢分泌的一部分雌激素之外，还可由脂肪组织生成相当可观的雌激素，而雌激素水平越高，越易患乳腺癌。故积极控制体重有助预防乳腺癌发生。

其二是卵巢癌和子宫内膜癌。肥胖已被认为是子宫内膜癌的高危因素。由于多数肥胖者都可能有内分泌激素紊乱，其中雌激素是诱发子宫内膜癌的主要因素。更年期妇女肥胖者患这类癌症的几率更高。所以，肥胖女性一旦出现月经紊乱、绝经期延迟或绝经后阴道异常出血，应及早去医院检查。

其三是卵巢机能不全症。下腹、胯部、臀部肥胖的更年期女性应该警惕是否是生殖激素过低引起的肥胖，这种肥胖与卵巢功能衰退有关。女性进入更年期时，卵巢停止排卵，并引发功能性月经失调，有可能大出血，也可能流血淋沥不止。

其四为不孕症。肥胖女性储存在皮下的脂肪容易刺激子宫内膜，造成月经不调，从而易导致不孕。

下半身减肥的食调方法

现在有很多女性的口中都常嚷着减肥，无论身材略肥、适中或标准的，或已属于瘦的，都说要减肥，要再瘦些，为的是让人看起来更赏心悦目，于是下半身减肥的食调方法应运而生。

1. 避免高盐分食物

高盐食物的主要成分是钠，它容易令水分滞留在身体内，不易排出，是令身体浮肿的原因之一。所以肚子饿时，最好尽量避免食用含盐多的食物，例如杯面、零食、罐头等，要吃生菜沙拉、生果或夹有肉、干酪等的面包，即三明治等少盐食物。

2. 少吃高热量食物

高热量的食物容易令人发胖，阻碍血液循环，还会产生成一块块脂肪，积聚在大腿、腰等地方，想瘦的女性还是少吃为妙。煮菜时尽量将油的分量减到最低，尽量选瘦的肉类，肥肉不要吃。吃沙拉时尽量减少沙拉酱，因沙拉酱含有高热量。

3. 多食含钾、高纤维食物及水的食品

钾可帮助排泄，促进细胞再生，更能帮助排出身体内多余的水分，防止水肿的发生。要多食豆类、蔬菜、水果、鱼类等。

膳食纤维不但热量低，更可在吸收水分的过程中帮助排出体内的废物。最佳高纤食物是天然蔬菜，以及天然谷类制成的全麦面包或高纤饼干。但有两类人要少吃高纤食物：第一类是正处于生长发育期的少女，因为膳食纤维在阻止人体吸收有害物质的同时，也会影响人体对食物中蛋白质、无机盐和某些微量元素的吸收；第二类是肠胃不太好的人，因为膳食纤维虽然能缓解便秘，但它也会引起胀气和腹痛，胃肠功能差者多食纤维反而会对胃肠道造成刺激。

由紫菜、海带辅以冬瓜皮和西瓜皮做成的紫菜海带汤可去脂减肥，适合体胖的女性经常饮用，可达到瘦身塑形的效果。因紫菜和海带含丰富的膳食纤维，且热量很低，再加上具有利水效果的冬瓜皮、西瓜皮，减肥效果会更加明显。

另外，需要减肥的女性可以多食燕麦、马铃薯、小麦；橙汁含维生素 C，可帮助消化；多吃鱼，可以修瘦下身；菇类不但好吃，除可减肥外，还有防癌功效；吃以蔬菜为主的三明治，也可达到减肥效果。

局部肥胖更有益健康

腰身苗条，大腿纤细，臀部微翘是女孩梦寐以求的“魔鬼身材”。然而，美丽并不代表“有利”。英国专家们说，髋部、臀和大腿上的脂肪能有效减少心脏和代谢问题，有益健康。

研究人员说，髋部脂肪能清除体内有害脂肪酸，其所含的天然消炎成分可防止动脉阻塞，但腰部多余脂肪却没有这样的功效。另外，髋部脂肪缓慢燃烧能够产生更多保护动脉血管的激素——脂联素，帮助控制血液中的糖分。若这些部位的脂肪快速分解，则会释放大量的细胞因子，引发炎症，反而对身体不利。研究人员预测，医生将来可以利用科技手段增加髋部脂肪。这样就可以把病人体内的脂肪重新分配，对抗心血管疾病和代谢疾病。同时警告说，髋部脂肪过少可能引发严重的代谢问题，如库欣综合征。

中年妇女防肥胖

1. 求助植物雌激素

如果还不到更年期，不想采用雌激素替代疗法，那可以借用植物雌激素。尽管它不能完全补充减少的雌激素，但有研究表明，每天食用植物雌激素有助于抑制体重增加。日本妇女食物中的植物雌激素含量大，她们平均在更年期只增重 1.814 千克。植物雌激素还能够减轻绝经期的潮热、焦虑、烦躁、情绪波动等症状，降低低密度脂蛋白，增加骨质密度，减少患乳腺癌的危险等。植物雌激素在豆质食用油、植物肉、豆奶和坚果中含量高，多吃果蔬也有助于获得植物雌激素。

2. 坚持有氧运动

有氧运动的实质就是充分“燃烧”脂肪和糖。在氧充足的情况下，脂肪和糖充分“燃烧”，变成水和二氧化碳，同时释放出能量，恰好满足运动消耗。如果运动激烈，氧供应不足，脂肪与糖不能完全“燃烧”，不能变成水和二氧化碳，而变成中间酸性产物，就和木柴“燃料”缺氧变成木炭一样，不仅不会释放能量，其酸性产物还会使人感到疲劳、酸痛，对人体不利。有氧运动的原则就是缓和、持久，给机体充分氧摄入的机会。比如从容地骑自行车、步行或慢跑、游泳、打太极拳，每周 4 次，每次 1 小时左右。从事不同种类的运动，可以锻炼不同的肌肉群。

3. 节食与多餐结合

每顿吃八分饱，但不可过度节食，那样会使人想方设法去吃，反倒吃得更多。当吃到七八分饱，还恋恋不舍时，可以告诉自己，等一会儿再吃。将每天就餐分成多次，有助于保持大脑内的血糖的水平。尽量在白天吃东西，而不是在晚上吃，因为每个人的新陈代谢在每天的前 12 小时比后 12 小时快，大多数人到中午时新陈代谢就会减慢。

4. 多喝水少吃盐

由于饿和渴不易分清，我们往往在实际需要水时却多吃了东西。水充足的标志是尿液的颜色浅。下面是一些保证多喝水的方法：每天饮水 8 杯；每天吃 200 克左右的蔬菜、水果；果汁、牛奶可以和水替换着喝，因为它们反倒能消耗体内的水分，而盐分过多会增加水潴留，加重肥胖。

5. 放松情绪，保持性爱活动

当神经紧张、情绪激动时，往往影响雌性激素的分泌，脂肪细胞会有更多的堆积，而正常的性爱会减缓性腺的衰老，保持激素的分泌，是防范中年以后肥胖的有效措施之一。每天给自己一点放松的时间，做做深呼吸、按摩，增加夫妻接触，保持亲密、温馨的

性爱活动，会看到可喜的减肥成果。

以前的很长一段时间，人们不了解体内脂肪的流动、储存和利用是由什么来管束的，现在知道了，原来是雌激素在承担这项特别的任务——管制和调动人体内的脂肪细胞，那么减肥就在这方面多下功夫吧！

老年肥胖症的防与治

预防老人肥胖症的食疗

人步入老年后，由于运动量减少，能量消耗少，常导致热能过剩而转化为脂肪，形成老年性肥胖症。老年性肥胖容易引发多种疾病，如高血压、动脉硬化、冠心病、糖尿病。医学专家根据科研结果，总结了预防老年肥胖症的食疗方法。

1. 逐步减食

科学研究发现，让老年人的胃肠经常保持微饥状态，对大脑、植物神经、内分泌及免疫系统都能产生良好的刺激作用，促使体内环境更趋协调、平稳，抵抗力更强，有利于降低体重。但一天摄入的热量应不少于 1300 大卡。

2. 吃好早餐

早餐是一天中最重要的一餐。据研究，吃早餐的人比不吃早餐的人更容易减少体重。因为在睡觉时，身体的新陈代谢会减慢，而只有在再次进食时，它才会回升。所以，如果不吃早餐，身体消耗卡路里的能力在午餐前都无法达到正常水平。这也就是为什么新的一天最好从一顿拥有300～400卡路里的早餐开始，因为它能立刻把你的新陈代谢带入“工作状态”，只有提高代谢率，减肥才更有效。

不吃早餐不仅使上午失去必要的能量，而且还可能在中午吃更多的东西。据资料报告，日本相扑运动员有庞大肥胖的身躯的原因之一正是不吃早餐。

3. 多喝开水

水能促进脂肪的氧化，消耗体内过剩的能量，并可载着代谢产物排出体外，起着减肥和促进健康的作用。如果人体内水分摄入不足，体内氧化脂肪的能力就会下降，脂肪的储存量就会增加而使身体发胖。

4. 吃饭要细嚼慢咽

日本一些营养专家在研究中发现，肥胖者的进食速度比瘦人快，咀嚼吞咽的次数亦比瘦人少。于是科学家们让肥胖者食用营养成分不变，但需经充分咀嚼的食物，以减慢进食速度。结果，男子经 19 周体重减轻 4 千克，女子经 20 周体重下降 4.6 千克。其原因是：食物进入人体后，体内血糖水平就会上升，当血糖升高到一定的水平时，大脑有关中枢就会发出停止进食的信号。因此，放慢进食的速度，防止进食过多而营养过剩，就能达到减肥的目的。

5. 减少脂肪的摄入

在同等热量的情况下，含脂肪多的食品比含蛋白质和碳水化合物多的食品更易使人发胖。科学研究表明，人体要将 100 卡热量的碳水化合物变成脂肪需消耗 23 卡热量，而将 100 卡热量的脂肪转变成人体脂肪只需消耗 3 卡热量。另外，脂肪还比别的营养成分含热量高，1 克脂肪含 9 千卡热量，而 1 克蛋白质或碳水化合物仅含 3～4 千卡热量。

6. 不挑食

减少体重应以保证身体健康为前提，而各种食物对保持健康都非常必要。所以要保持均衡营养，尤其是要经常吃些粗粮和杂粮，这对减肥是有帮助的。

7. 少吃晚餐

晚上很少活动，热量的消耗要少一些。晚上少吃可以防止热量过剩而发胖。

8. 少吃多餐

有条件的老人一天可吃5～6餐。国外研究表明，少吃多餐者比一日三餐者的体重普遍要轻。

年纪大了，不要随便减肥

美国一项医学研究发现，无论男女，若在50岁以后体重大幅度减轻，到65岁以后的死亡率会大幅度增加。

谈到减肥引起疾病和死亡率增高，还要从胆固醇的功过说起。胆固醇是人体不可缺少的营养物质。研究表明，老年妇女血液中的胆固醇含量过低时，死亡率会增加4倍，其中癌症和冠心病的发病率升高是重要的原因。因而有些学者认为："不要过于害怕胆固醇高，而应当防止胆固醇过低。"

老年肥胖症的饮食调养

1. 低热能膳食

老年肥胖症患者应食用低热能膳食，总热能可根据性别、劳动等情况控制在4200～8400千焦（1000～2000千卡）。以每周降0.5～1千克体重为宜，直至体重降至正常或接近正常时给予维持热能。热能控制不可急于求成，否则会引起生理机能紊乱及机体不适。一般应根据肥胖程度来决定热能控制程度，通常超重者可按所需热能的80%～90%供给，中度肥胖（超重30%～40%）者可按所需热能的70%供给，重度肥胖（超重50%以上）者可按所需热能的50%供给。

2. 蛋白质

在控制热能减肥时，每日每千克体重应至少供给1克蛋白质，一般可按每千克体重1.2～1.5克掌握，尤其要供给充分的优质蛋白质，如瘦肉、鱼、虾、脱脂奶、豆制品、禽类等。在减肥膳食中，蛋白质热能比应占16%~25%。充足的蛋白质供应可避免虚弱、抵抗力下降及体质下降等问题发生，也可增加饱腹感，有利于患者对食用减肥膳食的坚持。

3. 脂肪

在减肥膳食中，脂肪的热能比以低于30%为宜，烹调用油以含不饱和脂肪酸较多的植物油为好，应尽量减少含饱和脂肪酸较多的动物性脂肪的摄入，如肥肉、动物油脂等。

4. 碳水化合物

碳水化合物消化吸收较快，能刺激胰岛素分泌，促使糖转化为脂肪储存起来，而且耐饥饿性差，易诱发食欲，故应限制碳水化合物的摄入。尤其是单糖类中的蔗糖、果糖等在体内转变为脂肪的可能性很大，并能提高血甘油三酯水平，更应严格限制。一般认为，减肥时应采用低碳水化合物膳食，每日供给量以100~200克为宜，但不宜少于50克，否则会因体脂过度动员，出现酮症酸中毒。

5. 低盐膳食

减肥期间，每日食盐摄入量可保持在1~2克，体重降至正常后可给盐每日3～5克，有利于减少水潴留，使体重下降，且对防治肥胖并发症有利。

另外，还应保证膳食中无机盐和维生素的充分供应；高纤维膳食可减少热能摄入并产生饱腹感，有利于患者对食用减肥膳食的坚持；坚持合理的饮食制度，少量多餐，避免晚餐过于丰盛；控制饮酒，因为酒精发热量较高，每克酒精可产热294千焦（7千卡）。

体胖老人锻炼时，注意护好腰

对于胖人来说，腰椎承重较大，容易受损；同时由于腰椎包在厚厚的脂肪中，适应力会差一些。如果突然进行大量的运动，会在短时间内给“倦怠”的腰椎增加过大的压力，导致腰椎无法承受，容易造成腰椎间盘突出。进入老年后，随着年龄的增长，骨质脱钙，腰部关节的韧带、肌肉发生退行性改变，腰部就更加容易受伤了。

因此，胖老人锻炼时应特别注意，转腰动作要小，轻松柔和，且要由柔到强，由缓到急，逐步适应，腰部前后左右弯屈要适度，不可操之过急。在锻炼开始时应做些必要的准备活动，尤其不要一起床就急着锻炼，要先适度活动腰部。可在室内慢步走两圈，边走边甩臂，再前屈后伸及转动几下腰部，做几次下蹲起立，再用双拳或双手捶背、揉腰、拍腿数下。这样做可改善机体由平卧变直立状态后的全身血液循环与肢体张力，以达到热身效果。

胖老人的运动要遵循三个原则：自己喜欢的，能够坚持的，运动完了不难受的。避免剧烈奔跑、跳跃或扭转腰部等。

综合减肥法

肥胖症是多种疾病的危险因素，可以是病因、诱因或加重因素，因此肥胖症的预防有十分重要的临床意义，减肥也就理所当然地成为当今有关健康的热门话题之一。减肥的目的是拥有适当的体重、健康的体魄、较高的生活质量，避免因肥胖引发其他疾病。

肥胖的原因基本可总结为四个字："馋嘴、懒腿"或"多吃、少动"，所以减肥的最好方法也可以归纳为"管好嘴，迈开腿"六字原则，从而达到能量负平衡，即使消耗多于吸收。若如此，一般不难拥有一个适当的体重。但在实际行动中，人们往往不肯"迈开腿"，而对"管好嘴"颇有青睐，然而仅此一项也难做得合理。纵观减肥队伍中，占比例最大的要数爱美的少男少女们，而他们所采取的方式，多是绝对限制进食，意在靠饥饿来达到减肥目的，岂不知这样不仅不能如愿以偿，反而会影响健康，导致营养不良或招来他病。

其实，当体重刚刚超标，而且精力充沛时，需要做的并不是刻意地将体重减下来，而是从各方面认真地审视一下自己的生活是否合理，是否存在致胖因素，再有针对性地去克服。由于肥胖是多种因素综合作用的结果，因此预防和治疗也应采取综合方法，如低能量饮食，增加体力活动，提高营养知识，养成良好的生活方式，并持之以恒。

下面我们要说的就是肥胖症患者应该遵守的生活原则。当然，对那些尚未发胖的人，如果能遵守下面的原则，也免去了发胖后再刻意减肥的麻烦。

健康当然比美更重要，而且如果方法得当，在不伤害身体的情况下也能减肥，这样的方法就是科学减肥法。为此，特将专家们推荐的科学减肥方案介绍如下。总的来讲，是要具体掌握“三多三少一坚持”：“三多”即多吃含蛋白质的食物（豆制品、酸奶等），多吃纤维素类食物（谷类粗粮、苹果等），多饮水（至少1500毫升/日）。“三少”即少食多餐，睡前3小时免进食物；少吃脂肪、糖类食物；少吃盐。

"一坚持"即坚持运动和锻炼。

饮食减肥

1. 科学进食

（1）慢慢进食

在人脑内，有专司食欲的部位和结构，慢慢进食可以抑制食欲。科学家测定，人的饱感信号要经过10分钟才能从胃部传到大脑中枢，所以吃饭快的人往往在大脑收到"吃饱了"的信号以前已多吃了10分钟，这往往也是吃饭快的人多肥胖的原因。也就是说，"吃饱了"是人们停止进食的信号和标准，此时人人都会自觉地放下碗筷，离开餐桌。但这"饱"的感觉，是要由胃传导到大脑，再由大脑做出反应，整个过程是需要时间的，有些人进食速度太快，没等大脑将"饱"的感觉反馈出来，就已经将过量的食物吃进了胃中，此时大脑反馈出来的信息恐怕是"吃撑了"，经常这样"吃撑"的人，岂能不发胖？事实上，胖人的进食速度往往是偏快的，所以应该养成细嚼慢咽的好习惯。这样，一来可以对食物充分咀嚼，有利于消化吸收；二来可以给大脑留下充分的时间，能够及时地告诉我们应该停止进食了。同时，在细嚼慢咽的时候，还能充分品尝美味佳肴。

另外，最好坚持“早餐要好，午餐要饱，晚餐要少”原则，其中“晚餐要少”特别重要。一般晚餐后没有太多的运动，食物转化的能量不能完全被消耗，就会在体内储存起来导致肥胖。每餐进食以七八分饱为宜。

（2）饿了才吃

“管好嘴”是减肥的原则之一，那么管好嘴的内容包括：不要想吃就吃，而要饿了才吃，即不感觉饿的时候千万别吃东西。不随时随意进食也是限制摄食总热量的方法之一。当然，也不能让自己太饿，否则就会倾向于大吃大喝。有人尝试早晨不吃早点来减肥，可事实上，早晨不吃而中午因为太饿往往吃得更多，对减肥反而不利。

2. 调整营养素比例，科学搭配食物

我们对于正常人的饮食要求是控制总热量及营养

均衡、搭配合理，其中，饮食脂肪所占热量比例应不超过总热量的30%，这是基本的饮食原则。对于肥胖者，则要限制总热量的摄入，应适当低于正常人摄入量，尤其对脂肪的摄入量要严加限制，尽量选择低热量、低脂肪饮食，以增加体脂肪的消耗，这是减肥的根本措施。在食品内容上，要避免热量高的动物性脂肪和含糖量高的食品，多摄取能增加饱腹感的膳食纤维（萝卜干等干菜类、海带等海藻类、大豆等豆类等）和蔬菜等食物。当然人体还是需要脂肪的，因为细胞膜的构成离不开脂肪。所以，这里所说的少，是指脂肪摄入不要超过身体需要，一般一星期吃两顿鱼，其他时间可吃荤素共炒的菜，大约所需的脂肪就足够了。

也并不是说只要不吃或少吃脂肪就能减肥，同样，大量碳水化合物的摄入也能增加热量并增加体重。因此，碳水化合物也不能随意食用，尤其不吃零食，少吃主食，这一点很重要。

脂肪和碳水化合物都限量，必然会有饥饿感，这时可吃一些高纤维的营养丰富的食物，如蔬菜、水果、谷类食物。这些食物会填饱肚子，却不会让人长胖，而且能补充身体所需要的维生素和矿物质，保证身体营养平衡。

针对如上分析，我们可以进一步阐述如下：人的饮食中含有七种成分，即蛋白质、脂肪、糖类、维生素、矿物质、膳食纤维和水。其中能产生热量，并有可能转化成人体脂肪的只有前三种。脂肪产生的热量最高，一克脂肪可产生热量 9000 卡。所以，科学减肥的食物搭配原则应为：“蛋白质要充足，糖类要减少，脂肪要最少。”也就是说，日常饮食应采取高蛋白、低碳水化合物和低脂肪的饮食搭配。由于能量摄入不足对体内蛋白质的生物合成产生一定的影响，因此在将此原则应用到日常饮食中时须注意：

（1）保证供给较充分的蛋白质

饮食中必须保证供给充分的蛋白质，尤其应吃些含优质蛋白的食物，如瘦肉（包括家禽、水产品）、蛋类、奶乳类或黄豆及黄豆制品，最好每天食瘦肉 50 克，豆制品 50 克和一个鸡蛋。由于蛋白质主要由氨基酸组成，比脂肪和膳食纤维更不易被人体吸收，因此必须消耗更多的卡路里来消化它。研究发现，消耗蛋白质所需的能量是消耗碳水化合物的两倍。由此可知，蛋白质能加速新陈代谢，提高代谢率，使减肥更有效。

（2）适当减少碳水化合物的进食量

过量的大米、白面等各种食物中的碳水化合物都会变成脂肪，所以应适当减少碳水化合物的进食量，减少主食量是有恒心者比较现实的办法。主食量一般每天控制在250克以下，不宜低于150克。忌食糖果及含糖食品。

（3）少吃脂肪，尤其是动物性脂肪

饮食中的脂肪包括烹调用油及各类食物中所含的脂肪。每日烹调用油要限制在10～15克，少用或忌用含油脂多的肥肉、内脏、奶油、黄油、巧克力及花生、核桃、瓜子等硬果。为了限制烹调用油，食物的烹制以煮、炖、拌、烩、蒸为主，尽量少用油煎、油炸。

很多人抱怨低脂肪食物吃起来淡而无味，其实只要在食物中多加调味品，比如辣椒、大蒜、洋葱、小茴香、肉桂、胡椒、醋、料酒等，就能在清淡中享受美味。

（4）增加富含膳食纤维的食品

饮食调配中可多一些新鲜蔬菜和粗杂粮，如玉米窝窝头、大饼子、锅贴、大煎饼、玉米粥、小米粥、高粱米粥、黑米粥、玉米面面条、玉米面糊糊、黑麦馒头、黑麦花卷、黑麦锅贴、大黄米黏豆包、玉米面萝卜条包子等膳食纤维丰富的食物可增加食物的体积，减少饥饿感，同时对降低血脂和改善糖代谢有重要意义。保证每日膳食中一定要有足够的新鲜蔬菜，最好不少于500克。最理想的减肥果蔬有苹果、木耳、萝卜、黄瓜。

①苹果：苹果具有减肥瘦身的功效，是因为它含有一种很重要的物质——果胶，果胶是一种水溶性膳食纤维，食用后会使人产生饱腹的感觉，从而达到减轻体重的效果。

②黑木耳：木耳是一种多糖类食品，富含胶质，是很好的减肥食品。但在泡发木耳的时候应用冷水，因为用冷水泡发木耳所用的时间较长，水能充分浸透

到木耳中去，一般500克干木耳能发出4000克左右的湿木耳，吃起来也有种鲜嫩脆爽的感觉。

③萝卜：萝卜中含有丰富的淀粉酶和芥辣油，能促进胃肠蠕动，帮助消化，是一种理想的减肥食品。但是红萝卜和白萝卜不能混在一起吃，因为红萝卜含有一种抗坏血酸酵素，会破坏白萝卜中的维生素C。

④黄瓜：黄瓜有清凉解渴的作用，因其内含丙二醇等物质，可以抑制糖类转化为脂肪，是极好的减肥食品。但是黄瓜不可以与西红柿同吃，因为西红柿中含有大量的维生素C，而黄瓜中含有一种维生素C分解酶，同吃会使西红柿中的维生素C遭到破坏，降低其营养价值。

另外，餐桌上的“降脂药”还有茄子、绿豆、香菇、番薯等。

（5）正确分配三餐进食热量

一般来说，合理的饮食热量分配是：早餐占30%，午餐占40%，晚餐30%；还可以早餐占全天总热量的1/5，中餐和晚餐各占2/5，而且晚餐后不要再吃甜食及干果类零食。

（6）多喝水

多喝水不但可使肌肤滋润透明，也有助于减重。每天喝8~10大杯水（约计至少1500毫升/日），而且试着在饭前至少喝一杯水，会让胃有饱足感，进餐时食量自然就会减少，可以帮你少吃一点儿。喝水时，要小口慢喝，喝温白开水（水煮沸后冷却至20~25℃，具有特异的生物活性，此时最适合饮用）或矿泉水，不要喝茶水和纯净水。由于类似原因，喝汤也能减肥。中老年人都怕胖，那就来喝汤吧！餐前一碗汤可以使人产生饱腹感，降低食欲，减少饭量，使体重在不知不觉中下降。据专家研究，喝汤可以减少10%~20%的热量摄入，达到减肥的目的。

总之，肥胖症患者每日能量摄入一般控制在1000~1500千卡为宜。如果每日减少谷类食物100克，则可降低摄取能量350千卡，约相当于40克脂肪组织的能量值，如果这样坚持一个月，可减重1.2千克。减肥一般都是开始降得快，随后减得慢，但不管怎样，一年减轻10千克是完全可能的。

儿童和青少年正处于生长发育时期，对能量的需求远高于成年人，因此可以不通过严格控制能量来治疗小儿肥胖，而可以通过平衡膳食和增加体力活动来达到减肥目的。

3. 食疗药膳减肥

中医认为，“肥胖乃多湿多痰之体”，因此减肥的草药大多都有利湿、化痰的作用。另外，现代发现的一些活血降脂的药物也有减肥作用。

（1）赤小豆鲤鱼

将活鲤鱼去内脏等杂物，取赤小豆 50 克，陈皮 6 克，辣椒 6 克，葱姜蒜适量，塞入鱼腹内，外撒适量盐，上笼蒸熟后即可食用，有减肥、利尿作用。

注：赤小豆能利水渗湿，内含蛋白质、维生素 B_1、维生素 B_2、烟酸、钙、铁等物质，具有减肥作用。

（2）减肥茶

生山楂、生薏苡仁各 10 克，橘皮 5 克，荷叶 60 克。荷叶晒干，上药共研细末，混合，每天早上放入热水瓶内用开水冲泡，当日喝完，每日一剂，连续服用 100 天。

注：山楂内含山楂酸、柠檬质、鞣质、皂苷、果

糖、脂肪酶、维生素C等成分，具有活血化瘀、消食化积等作用，是中医治疗肉食积滞、泻痢腹痛、疝气疼痛的常用药。现代研究证实。其所含脂肪酶能促进脂肪分解，所以能降血脂，并且还有收缩子宫、抗心律失常、降低血压等作用，因此现代常用其减肥，且治疗冠心病、高脂血症、细菌性痢疾等也均有较好疗效。

橘皮内含陈皮素、维生素B_1等成分，能行气化痰健脾，也能降脂，减肥时也多用之。

（3）桑枝茶

嫩桑枝20克，将其切成薄片放入茶杯，沸水冲泡，代茶饮，连服2~3个月，久服可令人瘦。

4. 蔬果餐减肥

美国医学家迪农·奥尼什研究认为，多食蔬菜水果有助减肥。因为肉类食品很容易成为脂肪，并在人体内储存起来而使人肥胖，但蔬果中的蛋白质或碳水化合物都不易转化为脂肪，特别是不含糖分的绿色蔬菜对减肥尤其有效。

例一：常吃绿豆芽能减肥。

“豆芽菜”常常被用来形容一个人身材的消瘦和单薄，可医学研究证明，如果你真的爱吃绿豆芽，那你也许真能保持一个苗条身材，因为绿豆芽富含粗纤维素，具有通便、减肥的作用。中医药典上记载，绿豆芽有“通经络”“调五脏”功能，也就是说，它有使人体和顺，避免壅滞、堆积的作用，适用于大便秘结者。中国中医科学院广安门医院营养科主任王宜说，从营养价值来看，绿豆发芽之后的营养价值是原来绿豆的7倍，且可分解为人体所需的大量氨基酸。绿豆芽与韭菜同炒或单炒绿豆芽均可防治老年及幼儿便秘。绿豆芽味甘性凉，能够止渴平燥、明目降压、利咽润肤，尤其是可以祛脂保肝，祛脂则可以减肥。

发芽后的绿豆所含的B族维生素大量增加，由于丰富维生素B_2（核黄素）可起到消除血管壁胆固醇堆积的作用，所以使长期食用绿豆芽可以有效预防心脑血管方面的疾病。不仅如此，核黄素还对口腔溃疡起到有效的预防作用。

例二：女性吃苹果，减肥又防癌。

女性肥胖不但影响日常工作、生活和美观，而且还容易罹患癌症。日本一研究小组对 15054 例成年女性进行了长达 9 年的随访调查，最终发现有 668 例女性发生了癌症。经统计学分析后发现，与正常体重的女性相比，超重或肥胖的女性发生癌症的危险要上升 29%～47%；女性体重指数越高则患乳腺癌、结肠癌、直肠癌、子宫内膜癌和胆囊癌的危险越大。研究提示，超重或肥胖是女性发生癌症的危险因素。那么有没有什么方法使女性既能减肥又能防癌呢？

苹果为高纤维、低热量食品，常吃苹果不容易有饥饿感且摄入热量少，有助于减肥。意大利的研究人员调查了 6629 例癌症患者的饮食情况，详细分析后发现，与每天吃苹果少于 1 个的人相比，每天吃苹果 1 个以上可以使结肠癌、直肠癌、食道癌、喉癌、乳腺癌和卵巢癌等癌症的发生危险降低 9%～42%。苹果除了含有传统的营养素外，还富含黄酮类化合物，为天然的抗氧化剂。这些天然抗氧化剂可以使遗传物质 DNA（脱氧核糖核酸）免受氧化应激的损伤，所以有较强的抗癌作用。

5. 食醋减肥

美国时兴食醋减肥的新方法。研究者认为，食醋中所含的氨基酸不仅可消耗人体内的脂肪，而且能使糖、蛋白质等的新陈代谢顺利进行。据研究，肥胖者每日饮用15～20毫升食醋，在1个月内就可以减轻体重3千克左右。

日本研究人员就醋的减肥作用做了对照实验，发现“喝醋”的实验鼠比“喝水”实验鼠体重少增加10%。研究人员解释说，由于醋酸能够抑制体脂肪和肝脏脂肪的堆积，在脂肪酸的氧化过程中能促进体内胆固醇和甘油三脂的分解，从而起到减肥的作用。

6. 酸奶减肥法

在这个瘦身当道的时代，每种食物仿佛都必须贴上一个“低热量”或是“低脂”的标签才会好卖，甚至有人开始研究牛奶和酸奶到底哪个更容易让人发胖。下面，就是一位名叫雅韵的人经过能量计算和营养搭配，推荐的酸奶减肥法，现特予介绍：

每天早晨起来第一件事情是喝一大杯淡蜂蜜水。注意蜂蜜要选择全液态无结晶、颜色浅些的。蜜水不能太甜，淡淡的甜最恰当，这样可以给身体补充水分，滋润肠胃，预防便秘，还能保养声带。然后最好再喝一杯白开水，继续冲洗肠胃。

第二件事情就是喝一大杯酸奶（200 毫升左右），再吃一片全麦面包或一碗燕麦粥。要买低糖酸奶或低脂酸奶，如果没有，用普通酸奶也没有关系。注意不要买酸奶饮料，那不是真正的酸奶。注意酸奶最好提前一小时从冰箱里面拿出来温着，喝太凉的酸奶可能会引起拉肚子或肚子痛。可以把酸奶倒进一个盛过热水的小碗里面，很快就会升温，但不要用微波加热，以免把宝贵的乳酸菌杀死。

上午十点，如果饿了可以吃一个小水果，如猕猴桃、油桃、橙子或半个苹果，或一小把葡萄干等干果。

中午如果觉得胃里很饿，那么先喝一碗汤，吃几口粥或两片饼干。然后喝一杯酸奶，小杯酸奶（125 毫升）就喝两杯。然后吃 100 克鸡肉或牛羊肉或鱼或内脏或血，这些东西主要补充铁。再吃一盘蔬菜，没有熟蔬菜，可以吃小西红柿或大番茄或生菜等。餐后喝两杯乌龙茶消食。

下午四点饥饿的时候可以再喝一杯酸奶。

晚上餐前先喝一杯水或汤，然后吃一盘绿叶菜。也可将菜放汤里煮熟加鸡精，或者是加几滴香油凉拌。然后和中午一样，喝一杯酸奶。注意过分饥饿就不能直接喝酸奶，而要喝汤或吃些蔬菜，预防胃里酸度过高。餐后可喝乌龙茶，但如果喝乌龙茶睡不着觉就喝菊花茶。

蔬菜必须要吃，它可以提供足够的膳食纤维和维生素 C，对于排出多余脂肪是有帮助的。

一天当中共喝 800 毫升左右的酸奶，加上 50 克粮食，100 克肉或鱼，400 克蔬茶，100 克水果。全天能量 1000 ~ 1200 千卡，蛋白质 65 ~ 70 克，水分 3000 毫升以上，非常安全，可以坚持一个月试试效果。

7. 时差疗法减肥

吃饭时间对体重的影响甚至比人体摄入热量的数量及质量还重要。因此，调节吃饭时间对减肥是极有帮助的。由于人体生理活动规律是早晨强于下午，下午又比晚上强，人体的新陈代谢峰值时间在上午 7 时至中午12时。因此，肥胖者的进餐时间避开新陈代谢高峰就能达到减肥的效果。具体方法为：早晨可在5～6时吃早餐，午饭可推迟到下午1～2时，晚饭可在傍晚5～6时。将吃饭时间提前或推迟，可在进食量减少的同时，降低人体对食物的吸收与利用，达到减肥的目的。

8. 饮食减肥应切记的三个问题

（1）不要盲目节食减肥

肥胖是多种因素造成的，仅靠节食无法治愈。当进食量减少时，人体新陈代谢的速度就会降低，而新陈代谢的下降会使人产生疲劳、动作迟缓、情绪低落和紧张不安，还会造成某种程度的营养不良和消化功能紊乱，甚至导致神经性厌食症而危及生命，所以说节食减肥只能是一种短期行为，千万不要盲目地靠长期节食来减肥。减肥的最佳解决办法应是改变食物的种类，多吃蔬菜和水果。这样，才能使人保持身心健康和精力充沛。

专家认为，肥胖并非过去人们理解的那样，是由过量饮食所致，它所表现的不仅是体重超正常标准，其实是一系列病症综合作用的反映应，遗传因素也是一个重要原因。所以，减肥不是哪一种单一的防治方法就可以见效的。因此，采取节制饮食的方法来防治肥胖症或进行减肥实际上是达不到目的的。除遗传性、病理性肥胖外，要使常见的单纯性肥胖症成人患者减肥，应在量出为入，使身体热能维持收支平衡这一基本原则的基础上，减少摄入，增加消耗，养成良好的生活习惯，并持之以恒。否则，盲目地疯狂节食，减少热量摄入，而忽视随之而来的代谢率下降，必然会导致减肥失败。

加州大学洛杉矶分校人类营养中心副主任、康宝莱营养咨询委员会成员苏珊·鲍尔曼认为，人体是个很精明的能量银行。你吸收得多，它就会储存起来（转化成脂肪）；吸收少了，它就会降低消耗（降低基础代谢率），同时还可能减少在器官维护和免疫能力上的“支出”。当你通过节食期待瘦身时，身体的反应是“你在忍受饥饿”，身体将自动降低代谢率，减少能量消耗，尽可能多地保留热量。因此一旦恢复节食前的热量供给，“降低”了的基础代谢率一时无法回升到原来的水平，反而会造成热量囤积，出现越减越肥的局面。如果在减重过程中多运动，就能抵消这些变化。良好的平衡饮食及锻炼能让身体保持消耗热量的代谢率。

（2）要走出减肥“食误区”

我们在日常生活中，常常以为有些饮食习惯能够帮助我们减肥或保持苗条体形，结果却走入了误区。要减肥，一定要走出这些“食误区”。

①长时间不进食

不进食的时间不应超过4小时。如果不吃东西，身体将释放更多胰岛素，导致人们很快产生饥饿感，最终忘掉饮食禁忌，放开肚子暴食，反而越来越肥。

②不吃碳水化合物，即拒绝主食

许多人认为不吃碳水化合物是一种行之有效的减肥好方法。当然不吃碳水化合物能很快减轻体重，但失去的是水分而不是脂肪。专家建议每天可以摄取适量的碳水化合物。

碳水化合物的主要来源是主食，所以主食是能量的来源，有的人为了减肥，主动放弃主食。这种做法绝对是大错特错。没有主食提供能量，珍贵的蛋白质就会像柴禾一样被燃烧掉，非但不能保持身材还会损失大量的蛋白质，从而可能导致蛋白质营养不足。人体本应从碳水化合物中获取能量，而少了主食，就会主动变成从油脂中获取，从而摄入更多的油脂，其体脂和体重增加也就不难理解了。

③生吃东西

生吃东西不仅不能帮助减轻体重，而且容易中毒。应少吃生食，多吃熟食。

④喝很多咖啡

许多人每天咖啡在手，以此抵制吃东西的诱惑。这样虽然能够欺骗自己的胃，但不要忘了咖啡并不是无害的，它会慢慢导致胃炎。因此，最好不要用咖啡来减肥，而应喝水或减肥饮料。

⑤老嚼口香糖

有些人会因嚼口香糖而失去胃口，从而达到节食减肥的效果，但也有人因此分泌更多的胃液，导致胃部产生空空的感觉。长期胃液过多还会造成胃溃疡，而且嚼太多口香糖容易使人下巴疲劳。

⑥不吃盐

为减肥不吃盐的做法是错误的，人体每天必须摄取一定量的盐分，以维持身体的代谢平衡。当然盐也不应多吃。

⑦吃过多水果

吃水果固然能够起到减肥的效果，但是水果同样含有糖分，长期多吃，也会发胖。

（3）要“慢慢减肥”

减肥的人总是求快，恨不得第二天起来就是魔鬼身材。但专家提醒，要“慢慢减肥”。可用“高饱腹慢消化减肥法”，此法依据健康减肥的基本理念，以营养供应充足、不饥饿、可持续为特点。食材可丰富多样，但必须是高营养素密度、血糖生成指数低、高饱腹的天然食物，以此标准来改变菜谱。比如把主食换成燕麦、大麦、紫米、红豆、芸豆、薯类等，把炒蔬菜换成大量的焯蔬菜或少油的炒菜，把红烧肉和炒肉换成去油的炖煮肉，把红烧鱼换成清蒸鱼等。仅仅是替换食材，改变烹调方法，戒掉所有零食、点心、甜饮料，就足以让每天的能量摄入轻松减少几百千卡，而且一点不会感到饥饿。

此种减肥法，可令人每月减 1.5 千克，达到最理想的减肥速度。这样，身体并没有什么不适的感觉，再配合每天半小时的运动，可以长期坚持下去。我们不要小看这 1.5 千克，如果能坚持半年，就能减掉 9 千克，从外形上看，还是成效可观的。

每月减 1.5 千克的速度是国际上很多专家所推荐的目标，它有四大好处。

好处一：不伤身体。缓慢的减肥速度不需要大幅度减少食量，而且采用慢消化减肥法可以保证营养素的充分供应，完全不伤身体，不损活力。因为体重变化速度慢，身体的各个器官都能很好地适应，来得及调整，而不会带来应激。很多人可能听说过“定点”理论，即人体习惯于某个体重，就会自动维持这个体重而不愿改变。慢慢减肥就不会让身体产生“逆反”。

好处二：保护皮肤。快速减肥让人很快瘦下去，但皮肤却不能那么快地收缩，年龄增大更会使皮肤弹性下降，对快速减肥更为敏感，若减肥、反弹来回折腾几次，皮肤就会明显老化。每月瘦 1.5 千克的速度可让皮肤自然收缩，不会出皱纹。同时，因为营养充足，脸色也不会像快速减肥那样变成菜色或苍白憔悴。

好处三：不影响生活质量。减肥者不会饿得前胸贴后背，也不会被其他人视为另类，而慢消化减肥更不会。甚至由于家人有机会一起吃健康清淡的饮食，全家人的饮食品质都能一起得到改善。

好处四：养成好习惯。极端减肥的方法很少有人能长久坚持，更不要说是坚持一生了，它会让人产生特殊时期特殊对待的心态，过后还是会回到原来的轨道上。但是当一个减肥措施已实行了6个月，通过减肥养成了更健康的生活习惯，感觉越来越良好，就很可能会愿意继续下去，长期地保持健康和美丽。

减肥者应该补充的营养素

减肥过程中很容易出现维生素和矿物质摄入不足或不均衡的情况，只有将其补充均衡，才能在减肥的同时保证身体健康。专家认为，减肥者需要同时补充以下维生素和矿物质：维生素A、维生素B_1、维生

素 B_2、维生素 B_6、维生素 C、维生素 E，矿物质铁、钙、锌、硒、铬。

因为维生素和矿物质不但不会产生任何热量，而且有些维生素，如维生素 B_1、B_2、B_6，还有助于将脂肪转化成能量，减少脂肪的堆积。如缺乏 B 族维生素，人体代谢便会紊乱，即使普遍摄取了各种养分，均无法充分利用，细胞也不能代谢新的蛋白质，纵有能转换成热量的原料存于体内却不得燃烧，细胞同样会死亡，结果终将导致组织损伤。蛋白质、脂肪、碳水化合物就像一堆木柴一样，而 B 族维生素就像一根火柴，没有火柴，就无法让木柴燃烧而产生热量，只有使脂肪、糖等燃烧了，脂肪才不至于积集在体内而引起肥胖。

只有在饮食减肥基础上补充一些营养素，减肥的效果才能更好，维生素 C 即为其中一例。人们研究发现，维生素 C 可以帮助那些屡次减肥失败的女性。因此专家建议，肥胖者可每次口服 1000 毫克维生素 C，每天 3 次。节食减肥者补充维生素 C，能提高免疫力。还有维生素 E，是强力抗氧化剂，能保护心脏、皮肤、眼睛、肝脏等器官免受自由基的伤害，防止肥胖并发症。脂肪积聚，血液缓慢不畅，心脏及双腿疼痛时，服维生素 E 可缓解。

矿物质钙缺乏易得肠无力，大便秘结。锌缺乏会导致动脉硬化。铬能稳定血糖，预防因血糖下降产生的饥饿感，进而避免随之而来的大吃大喝，对糖尿病的肥胖患者更为适宜。为了减轻体重，专家建议每天服用 200～600 微克铬。

中国营养协会、中山医科大学营养研究室于 2004 年编写的《营养卫士》中有一例营养减肥组合配方，现记录于此。

蛋白质粉 2 瓶，每次 1 勺，早、晚各 1 次，饭前半小时吃；

维生素 B 族 1 瓶，每次 2 片，每日 3 次；

维生素 E（小麦胚芽油）2 瓶，每次 4 粒，每日 2 次；

果蔬纤维素片，2 瓶，每次 1 片，每日 3 次，饭前半小时吃，慢慢嚼食，再同时喝白开水稀释胃酸，在胃中形成一种舒服的饱足感；

钙镁片，2 瓶，每次 1 片，每日 3 次；

复合维生素 C，2 瓶，每次 1 片，每日 3 次。

要用此方把体重减下来，必须配合每周 2 次以上的运动，每次 30 分钟。

适度运动

运动可以消耗掉多余的热量，如果缺乏运动，热量消耗不完，将形成脂肪堆积，所以说运动是很好的减肥措施之一。

节食和运动是减肥最为重要的措施，二者需同时进行，缺一不可。通过体力活动，增加机体热量的消耗，促进脂肪分解，达到减肥目的。但运动（包括体力劳动或体育活动）要有选择性、规律性和持久性。进行运动，最好是有氧运动和无氧运动相结合，比如慢跑、快走、散步、爬山、游泳、打太极拳、做健康操、爬楼梯等都是很好的减肥方法。

当然，运动的方式和活动量因人而异。如腹型肥胖症患者爬楼梯、爬山、骑自行车是最好的减肥方式。所以对于那些腹部初见发福的肥胖症患者，最好少坐电梯，每日步行上楼、下楼，把减肥运动自然地融合到工作、生活中去，以免继续发福，那时再想爬楼梯减肥就非常辛苦了。不过无论做什么运动，都要坚持下去，持之以恒才有好的效果。运动是控制体重的最佳选择，同时又可以维持肌肉和骨骼的健康，如此一举两得的方法，我们又何乐而不为呢?

1. 注意事项

胖人健身要注意五点：

（1）频率要高，时间要短

每天锻炼 2～3 次，每次锻炼时间控制 10～15 分钟就可以了，一天下来运动半个小时至 1 个小时。如果运动时觉得很痛苦，就立刻停下来。当然，如果身体健康，只是体形略胖，但很想减肥，且想达到全身减肥的目的，那就应该这样运动：首先，运动后的心跳应在每分钟 120～160 次范围内；其次，每次运动的时间为 1 小时以上；而且要做耐力性和有氧代谢的全身运动，如健身操、慢长跑及长距离、长时间的游泳等。

（2）保护好皮肤

比较肥胖的人面临的一个大问题就是出汗后皮肤发炎，特别是大腿和腹股沟的位置，所以要选择合适的运动服装，尤其要选那种有网眼内衬的混合纤维运动服，这样就能随时把汗液排掉。运动完沐浴时，尽量使用抗菌香皂。如果有条件，可先用含有甘油和蜂蜜、能令肌肤幼滑柔软的润肤沐浴露沐浴；然后再用散发迷人清香、帮助保持水分、防止肌肤干燥的润肤露涂抹双手、膝部、肘部及身体其他部位的肌肤，令肌肤柔软幼滑。

（3）善待关节

健身容易伤害关节，应尽量选择功率自行车、水中有氧操、散步及其他能较好保护膝关节的运动。运动时注意加强大腿的力量，这样能有效减轻膝关节损伤。

（4）谨慎做伸展运动

对肥胖的人来说，伸展运动是非常危险的，容易造成腰部的肌肉损伤，尤其是弯腰摸脚趾的动作，故应谨慎。

（5）用心准备鞋

无论是否打算跑步，一双好的跑鞋都能给胖人提供最好的支持。鞋应该宽松舒适，走起路来才不会因为压力很大把整只鞋都塞满，使脚保持干燥透气。

2. 运动减肥法举例

在上述五项注意的前提下，肥胖者可选如下运动来减肥。

（1）散步法

肥胖者散步宜长距离疾步走，每日 2 次，每次 1 小时，这样才可使血液内的游离脂肪酸充分燃烧，脂肪细胞不断萎缩，从而减轻体重。

（2）顿脚减肥

①双脚分立，与肩同宽。

②首先同时提起双脚后跟，然后重重地落地，一上一下，反复 100 次。双膝必须伸直，脚趾稍微弯曲。

③左脚膝盖弯曲后，先踢向后方，再踢向前方，反复 5～100 次，然后改为右脚练习。年老体弱者可单手扶墙进行锻炼。

这套顿脚保健操功效颇多，除有减肥作用外，还可以防治头痛、肩周炎、腰痛、关节炎、耳鸣、失眠、哮喘、便秘、怕冷及痛经等。

（3）收腹鼓腹健美减肥

收腹鼓腹法与呼吸无关，快慢均可，次数不限，以每天收、鼓腹部 100 次以上为好。

其方法是：取自然站立式。两脚分开约与肩同宽，双手自然下垂，裤带放松，用力提肛收腹，松肛鼓腹。提肛时，肛门同时用力上提至最高处，收腹时收到腹部不能再内收的程度；鼓腹时将横膈肌降至最低点。快时可一口气鼓数次，慢时一口气鼓一次。

收腹鼓腹使腰胸部及所有内脏器官都得到了活动和按摩，消耗了腰部及脏器内脂肪，使腹壁增厚有力，增强了内脏功能，促进和保持内分泌正常，使人青春长在。常练此法，除了有治腰疾、减肥、健美的特殊效果外，对肾、肠、胃和前列腺及附件等有调节作用。练习要循序渐进，并且要坚持，以免出现不适而挫伤士气。

（4）瘦身晨操坚持有效

每天做晨操，不仅能使人神清气爽地开始一天的工作学习，而且还能保持健美的体型，消除多余脂肪。但要想看到明显效果，一个重要的条件就是坚持。具体做法如下：

①身体站立，双臂上举，像伸懒腰，但要加大幅度。如躺在床上，可用两手抓住头上方的床沿，或两臂按住身体两侧床面。单腿依次（或两腿同时）直膝向上举腿。举腿时稍快，回落时稍慢。做20～30次。

功效：减少腹部多余的脂肪，增强腹部肌力，增加腹肌的弹性。

②仰卧抬臀：仰卧床上，屈膝，两膝并拢，两脚分开略比臀宽，两臂伸直（掌心向下），置于体侧。两腿分开，身体重心移到肩部，以肩支撑，吸气抬臀，稍停。呼气，慢慢将臀部放下，还原。重复练习20次以上。

功效：减少腰、臀部脂肪和赘肉，增强腰、臀部肌力，强腰固肾。

（5）空跳悠悠，肥胖变瘦

用跳绳的方法健身固然好，但运动量过大。况且，如果没有绳子，或有了绳子没有场地，或是逢下雨天、场地湿，就难以坚持跳绳运动。为此，介绍一个不用绳子的空跳法。

空跳方法很简单，其动作和跳绳动作一样，只是不用绳子。跳的方法不仅可双脚并跳，也可单脚一上一下地跳，更可双脚并起弹跳，比跳绳跳得更高。空跳既不会很吃力，效果也好。

值得注意的是，无论是双脚跳，还是单脚跳，都要脚尖先着地，而不能脚后跟先着地，只有这样，人体才不会因“实碰实”而受到大的震动。

另外，可再加上弯腰、抬腿和扩胸等健身运动，每次应坚持保证有15~20分钟的运动时间。运动的关键是坚持，不能三天打鱼两天晒网。

（6）生活中易实践又有效的减肥习惯

都说运动可以“燃烧”脂肪，所以城市的健身房、游泳池、瑜伽馆里，都是人头攒动。其实，很多人忽略了平常的生活习惯也会影响到体态这一情况。因此，要想减肥，就要在生活点滴中培养“瘦身”的习惯。

①常缩小腹：小腹微突，可能是因为平常总是弯

腰驼背，任其小腹日渐突出。所以在平常要保持缩小腹的习惯，这样，不只可强健腹肌，腰腹也不易松弛。

②端正站坐姿：如果平时没有保持正确的姿势，常常会造成骨架歪斜、驼背、小腹和臀部松弛的现象，正确的站立和坐姿可以使臀部及大腿保持一定程度的紧张感，臀线也不易变形，更可防止O型腿的产生。

③合身的穿着：合身的穿着不仅得体，还可以让人能够时时注意自己的身体变化，一旦有发福的现象，过紧的衣裤会马上发出警告信号。

④吹口哨减肥：专家表示，吹口哨时，人的嘴唇和脸颊的肌肉会呈现出比平常更紧张的状态，使平时说话时活动不到的肌肉得到锻炼，相当于全面的面部按摩，有抗衰老、美容的效果。此法已风靡日本。

3. 运动减肥的最佳时间

首先应明确的是，每天减肥运动的时间并无一定之规。可选择早晨、上午、黄昏或睡前等，应依据个人的习惯进行，不必强行改变。但对于那些尚未形成习惯，或刚刚开始减肥锻炼的朋友，可明确在吃完晚餐半小时或45分钟后开始减肥运动，其效果可能更显著。

国外有研究显示，饭后散步或慢跑能更快地减轻体重。这是由于机体的活动使四肢肌肉的供血量增加，而胃肠道的血流量相应减少，影响了食物的消化和吸收利用。这就是说，饭后锻炼使胃肠道血液分流，在一定程度上影响消化和吸收，正好是餐后减肥运动的机会。

当然，饭后运动切忌过于剧烈，应以散步等舒缓的运动为主。有饭后散步会引起阑尾炎的说法，其实只是一种误传。食物从口进入消化道后，至达到阑尾需要数小时之久，而且即使到了阑尾，也不会掉进去引起阑尾炎。

除了餐后锻炼之外，傍晚锻炼也不错。特别是晚餐后半小时，不要躺在沙发上看电视，而是出去走走，对减肥很有利。有人愿意早上锻炼，如早餐后晨练，这也是一种好习惯。

生物钟减肥法

肥胖不仅有碍形体美观，影响身材，而且还会带来许多严重疾病，如高血压、冠心病、脑血管病、糖尿病等，并容易引起心理障碍，使人早衰。所以有人讲，肥胖是万病之源，是人类健康的大敌。因此，减肥引起人们的关注，成为健康的热门话题，各种减肥方法也应运而生。尽管时下减肥方法层出不穷，但许多人却肥胖如故，这是由于人们忽视了一种虽然作用缓慢却非常有效、简便易行、无任何副作用的减肥方法，那就是生物钟减肥法。

肥胖在一年四季当中是有时间节律的。受自然气候影响，在体内生物钟的支配下，人体的肥瘦在一年中不是恒定而是波动的，即会随着季节的变化而有所改变，呈冬胖夏瘦的规律。遵循此规律的减肥方法就称之为生物钟减肥法。

夏季减肥“顺水推舟”

一年四季都可减肥，但夏季却是减肥的大好时机，这是为什么呢?

在夏季，由于天气炎热，人们的活动量增加，出汗多，能量的消耗增大，脂肪细胞代谢也较快，自然肥胖程度也会有所改善。同时，夏天白昼时间较长，天热也容易睡眠不足，体内的新陈代谢旺盛，相对散发的热量也增多，造成体内能量消耗。另一方面，夏季天气闷热，人们普遍食欲不振，较喜欢摄取清淡的食物，而清淡的食物含热量低，造成体内热量的供给不足。由此可见，夏天体重减轻，主要是因为身体所散发的能量多于摄取的能量，完全符合减肥的原则。明白了这个道理，在减肥时则可以“顺水推舟”，达到事半功倍的效果。

夏季减肥，首先应该注意饮食的调节，多吃一些低能量的减肥食品，如赤小豆、萝卜、竹笋、海带、山楂、大蒜、辣椒等，同时坚持一定的运动，如跑步、体操、骑车等。锻炼时应避免剧烈的运动，时间最好在早晨9点之前，超过10点则烈日曝晒，不宜进行体育运动。身体条件好的肥胖者，在夏季可坚持游泳锻炼，因其运动量较大，减肥的效果比较理想。

减肥佳季在秋天

减肥是一年四季的事情，夏季虽然说体重有所下降，但其脂肪细胞的数量却并没有减少，只是因出汗和摄入的热量减少使脂肪细胞呈现暂时性的萎缩。可是进入秋季，没有了酷暑的煎熬，天气渐凉，出汗减少，体内水盐代谢恢复平衡，消化功能恢复常态，人们食欲大振，能量代谢相对稳定，此时脂肪细胞又重新活跃起来，并逐渐积聚以防止热量扩散，到冬天起保温作用，人体趋向肥胖。也就是说，于夏天有所减轻的体重在秋天又开始很快恢复起来，如若不及时有效地调控饮食，到冬天就又会成大胖子，这样对于本身就肥胖的人来说更是一种威胁。因此，秋天是减肥的黄金季节，能够有效阻止脂肪细胞“回潮”，抑制体重增加。

对于肥胖者来讲，应当抓住秋天这一大好时光，采取一些必要措施和手段来减肥。减肥的方法很多，肥胖者可根据个人情况进行选择，锻炼时需要注意，在“吃”与“动”上应相互协调，配合进行，即一方面适当控制饮食摄入，另一方面增加运动量，使消耗大于摄入，以达减肥目的。秋天减肥的诀窍是:

1. 定时定量进餐

一日三餐，每餐只吃八成饱，早、中、晚三餐食物营养热量的分配应是3∶4∶3，这一点是最为重要的，不吃早餐或晚餐过饱者容易发胖，还会引起消化系统疾病和心脑血管疾病的发生。在这里应强调的是，一定要吃早饭，否则有可能造成午餐或晚餐过量、吃零食等。睡觉前3小时最好不要吃任何东西，如果饥饿难耐的话，可先吃两片饼干或几口粥，再喝一杯温牛奶，这是使胃产生充盈感的最理想的方式。

2. 饭前吃水果

在午餐和晚餐前半小时，吃一个苹果或其他水果，使胃中有食物而减少进餐时的进食量，使人吃到七八成就有饱感了。专家们说，餐前吃些水果或低热量的食物还有益于控制胰岛素分泌过多，有利于减慢糖类的分解和转化为脂肪的过程，因而能减少脂肪的积累。

3. 细嚼慢咽

肥胖者大都有这样的体验，胃口特别好，吃饭特别快，吃饱了却不知道饭菜的味道。研究表明，饮食中每次用餐要用20分钟以上的时间，才能人为地制造饱感。也就是说，人在进食20分钟后，大脑才会发出饱感信号，机体的摄食欲望才会下降，从而才能有效地避免过食。细嚼慢咽方可达到这个发出饱感信号的时间。另外，细嚼慢咽还有益于食物的消化吸收和防病健脑。

4. 多吃蔬菜少添油

减肥控制饮食，不仅要控制主食热量，注意选择一些低热量的减肥食品，如赤小豆、萝卜、竹笋、薏米、海带、蘑菇、木耳、豆芽菜、山楂、大蒜、辣椒等，更重要的是要控制脂肪的摄入量，在合理营养的前提下，控制高脂肪、高热量类食物的摄取，适当地多吃些粗粮、蔬菜和水果。值得注意的是，多吃蔬菜一定要少添油，如果炒菜时放油过多，那么摄入的脂肪量也会增加，使人体发胖，不利于减肥。

5. 适度运动

在秋季，还应注意提高热量的消耗，有计划地增加运动时间，特别是早晨适当选择一些体育项目进行锻炼，例如快速走、慢跑、游泳、登台阶、骑车、健美操等。每次持续 20 分钟以上，并保持心律在一定水平，则有很好的减肥效果。

进餐 30 分钟后散散步，是一种良好的消耗脂肪和剩余热量的运动。散步开始时，能量来源于血糖，不久后就由体内的脂肪来供给，这样就能增加脂肪的消耗，减少脂肪的贮存而减肥。运动 30 分钟就能达到这一目的，一般认为运动 40~60 分钟效果最好，尤以晚餐后运动效果最佳。

6. 药物减肥要慎重

利用药物减肥必须慎重，因为有的产品含有泻药和利尿剂等，虽然在短时期内能让体重迅速减轻，但会对肝肾、肠胃造成一定程度的损伤，无益于身体健康。

总之，脂肪的积累是一个非常缓慢的过程，所以减肥的过程也是缓慢的，一口吃不了一个胖子，同样的道理，一下子也不能将胖子减成瘦子。减肥要有一个科学的态度，注意掌握适度减肥的原则——循序渐进，即：食量上适度，时限上稍长，做到既减肥又不伤身，让体内保留适当的脂肪。也就是说，要知道“欲速则不达”的道理。要达到暂时的减肥效果并不难，难的是减肥后不出现和少出现反弹。科学的减肥速度是平均每月减1.5千克。目前主要的减肥方法有饮食减肥、体育减肥、药物疗法和手术治疗等几种，其中任何一种减肥方法都不是万能的，都会出现反弹。减肥成功的保证就是打持久战，必须管住自己的嘴，跑动自己的腿，这样减肥才会成功。这样减肥才不仅有助于形体健美，而且对健康大有益处。

冬季食疗减肥五法

冬天易发胖，应如何预防？饮食调理至关重要，现介绍食疗减肥五法：

1. 土豆减肥法

土豆又称马铃薯，是一种低脂肪、低热量食品，经常食用土豆及其制品可加快脂肪分解速度，减少人体内积累的多余脂肪，从而起到减肥的作用。据科学测定，每1000克土豆中含碳水化合物158克，其供热量仅为番薯的50%，大米和面粉的20%，含脂肪仅是大米或面粉的7%左右，故想身材苗条者，可多吃土豆，既养生又减肥。

2. 冻豆腐减肥法

把新鲜豆腐放在冰柜中速冻使其内部组织结构发生变化，其形态会呈蜂窝状，颜色变灰，但蛋白质、维生素、矿物质破坏较少。而且豆腐经过冷冻后能产生一种酸性物质，这种酸性物质能阻碍人体对脂肪的吸收。

3. 冬瓜减肥法

冬瓜是葫芦科植物，有炒、烧、炖等食法。中医认为，冬瓜性甘寒，具有利尿消肿、清热解毒功效，还具有减肥健身的作用，《食疗本草》中曰：“欲得体瘦轻健者，则可常食之……”

4. 栗子炒豆腐皮减肥法

取栗子 150 克上笼蒸熟，去壳待用。豆腐皮 6 张，切成小菱形块备用。在炒锅中放少许素油炸熟，倒入豆腐皮、栗子，再适量加些新鲜青菜翻炒几下，加少许水、盐、味精调好味后出锅即成。经常食用此菜具有明显的减肥效果。

5. 炒米煮粥减肥法

将大米（小米亦可）放在锅里，用文火炒至微黄后取出，再用之煮粥煮饭食用。每天晚上随自己的食量大小而定，但不可吃得过饱，坚持一个月可获得良好的减肥效果。

春季亦可用上述食疗五法坚持减肥。

按摩减肥法

中医认为，肥胖多是因为脾的运化功能差，痰湿聚集于体内。身上的赘肉并不表示营养过剩，而是一堆无法排出的“废品”。当身体需要能量时，它们不是储备，因为它们不会转化成气血来供身体使用，反而却阻碍身体生成新的气血。这些“废品”永远不会变成身体工厂的资金，却长年占据着成品库，使成品无法储存，无法实现价值。

妙招一：胆汁和胰腺是消解人体多余脂肪和积累能量的两位干将，按摩或敲打三个穴位能调动这两位干将的积极性。这三个穴位分别是“太冲”“行间”“曲泉”，可对这三个穴位进行一一按摩，并敲敲带脉，推推脾经，同时不要节食，并多吃些补气血的桂圆、大枣、水果等食品。只要穴位找准，数量做足，就会有良好的减肥效果。

专家提示，人体穴位是人类随身携带的“小药罐”，用按摩或敲打穴位的办法可以激活这些“小药罐”，进而给自己保健。一切治疗的最终目的都是为了激发患者的自愈潜能。人体经络是养生治病的最好捷径。当然，这种敲敲打打并不是立竿见影的事，关键是要坚持。

妙招二：双手掌从剑突下推至耻骨联合上部，连推 12 次。然后分别将双手放在腹部左右两侧，从左右肋缘下推至骨盆处，也是连推 12 次。再将左手放于肚脐周围，右手按在左手上，揉压肚脐周围处，先按顺时针方向，再按逆时针方向，各揉压 12 次。

按摩是一种被动运动，通过按摩增强肌肉活动，加快血液循环，从而增加对脂肪的消耗，即可达到减肥目的。腹部按摩除可加快脂肪代谢和增大能量消耗外，还能促进肠蠕动，增加排便次数，减少肠道对营养物质的吸收，减肥效果尤佳。

清宫仙药茶

组成：紫苏叶、石菖蒲、泽泻、山楂等量和好茶叶。

制法：将泽泻、山楂切成细丝，紫苏叶、石菖蒲等切碎，加入上等茶叶，掺匀。

用法：药茶 20 克，开水泡，代茶饮。

功效：降脂减肥。

主治：肥胖症、高脂血症。

说明：此方在清朝乾隆、嘉庆、道光、咸丰、同治各朝的宫廷内广泛采用。中国中医科学院西苑医院报告，用此方治疗 63 例单纯性肥胖症和高脂血症，治疗后患者的体重、血脂等都降低。

鲜为人知的减肥法

医学研究表明，膳食不合理，营养过剩会使人发胖。肥胖不仅影响人的形体健美，而且还是诱发心血管病、糖尿病及结石等现代“文明病”的因素之一。国内外许多专家、学者对控制饮食的减肥途径进行了广泛而深入的研究，提出了不少行之有效的饮食减肥法和各自的不同观点。

“羊吃草”进餐减肥法

这是目前一些西方国家流行的饮食减肥新方法。医学家认为，少食多餐，不仅省时间，而且由于空腹时间缩短，可防止脂肪积聚，有利于防病保健，增进人体健康。

控制脂肪量减肥法

美国范德比尔特大学减肥中心主任马丁·凯泰研究认为，过肥的人总是重视控制食物的热量，其实只要控制脂肪量而不必少吃就能达到减肥目的。他所创立的这一减肥新法，旨在减弱“热效应”，故在减少脂肪摄入量的同时，必须补充足量蛋白质和碳水化合物，以满足身体的需要。

流食减肥法

这种方法在医学临床上称为“禁食”，也称为“极低热量餐”减肥法。用这种方法减肥的人，在16个星期或可能更长的时间内完全不吃固体食物，每天只喝几杯调味的蛋白质液——总热量为400~800千卡的流质，一星期体重就可减掉2~4千克，此后每周可减2.5千克左右。

早食减肥法

法国医学家在探索饮食减肥时发现，在饥饿之前提早进食是一种有效的饮食减肥法。

“一日一餐”减肥法

日本九州大学健康科学中心的藤野武彦研究发现，肥胖症患者都处于“脑疲劳”状态，而“脑疲劳”则是因过剩的应激反应而产生的。为此，让肥胖者每天都轻松愉快地吃一餐，有助于消除产生应激反应的因素，通过消除“脑疲劳”而减肥。

分食减肥法

这是德国营养学家研究提出的一种新式减肥法，它主要是要求减肥者在每一餐的进食中，不能同吃某些食物。比如，人们在吃高蛋白、高脂肪的荤菜时，可以食用一种蔬菜，但不能喝啤酒，不能吃面包、马铃薯等碳水化合物类食品。因为在食用高蛋白食品而不食用碳水化合物，人体就不会增加脂肪而发胖。

❤提前进餐减肥法（类似早食减肥法）

美国医学家罗纳·卡迪研究认为，人体的新陈代谢状况在一天的不同时间内是不同的，一般说来，从早晨起来后，新陈代谢逐渐旺盛，上午 8 点至 12 点钟达到最高峰。因此，减肥者可把进餐时间提前，早饭安排在 6 点钟，午饭安排在 10 点钟左右，即可收到良好的减肥效果。

❤站式减肥法

站式减肥法最近风靡德国。只要每天在工作生活中站着的时间达到 5 个小时，就能“燃烧”掉比坐着多出 3 倍的热量。现在，德国很多咖吧、酒吧、饭店都划出“站立区”，就连一些大公司，也开始风行站着开会。专家说，这叫“温和运动”，只要坚持，效果不亚于有氧运动。

题外话：胖先生如何变帅

肥胖不仅会影响人们的健康问题，引发多种疾病，而且买不到合适的衣服也会让那些肥胖的人感到十分头痛。那么，胖先生如何变帅呢？

1. 西装的选择

西服属于正装，在选择时最主要的就是颜色与款型。

设计师告诉我们，胖人的脖子一般比较粗，所以在选择衣服的时候，首先要注意领子，要选比普通的领型稍微宽点的衣服，这样反衬得脸要瘦一些。还要注意到领子的 V 型区，如选四粒扣的西装，领子就会比较靠上，脸会显得比较宽而短，所以要尽量选择 V 型口比较大一些的衣服，可以有视线的延伸，显得比较开阔。在选择领面的时候，一定注意选择稍微宽一点的，这样显得比较有气场，穿起来也比较大方。肩要微微地挺拔一些，因为塌着的肩也容易使人有圆滚、臃肿的感觉。

西装还讲究面料，肥胖的人要选择亚光及深色的面料。如果面料产生反光，就有一种扩张的感觉，使人显得更胖。衣服颜色最好是深色，比如黑色、深蓝色、深紫色，因为这样的颜色都具有收缩的感觉，看起来人显得稍微瘦一些。

西服下摆处理成为散口，最适宜有啤酒肚身材的人穿着。在正常的情况下，一般穿西服不要敞开衣襟，在不得已需要敞开时，应该尽量选择稍微宽一点的皮带，因为细的皮带会产生更大的反差，显得人很臃肿。

2. 穿着夹克衫时如何弥补身材的缺陷

在选择夹克衫时，最好选择宽大些的，而不要选择小而紧的款型，这样胖人穿着会线条简洁，人也显得比较精神。夹克衫的面料尽量选择硬挺带有直线条的面料。在色彩的选择上，跟西服一样，也要注意以深色、冷色为主，厚重的视觉效果给人以精干的感觉。